RENOVATION
HOUSE
STYLE BOOK

RENOVATION
HOUSE
STYLE BOOK

아파트 인테리어 교과서

04

LIFE INTERIOR

아파트 리노베이션의 모든 것

APARTMENT × RENOVATION

즐거운상상

아파트 리노베이션으로 이룰 수 있는 것들

내 집 마련 계획을 세울 때
아파트 리노베이션을 고민해 보는 것은 어떨까?
오래된 아파트를 구입해 라이프 스타일과
취향에 따라 자유롭게 리노베이션해보자.
실속 있는 '아파트 리노베이션'으로
자기만의 개성 있는 삶을 누릴 수 있다.

Area

좋아하는 동네에서 살 수 있다

아파트 리노베이션의 장점 ❶

교통이 편리한 동네일수록 땅값이나 신축 아파트 값이 어마어마하게 비싸다. 단독 주택이나 신축 아파트를 살 수 없는 지역이라도 오래된 아파트를 리노베이션한다면 예산 내에서 집을 구할 확률이 훨씬 높아진다. 교통이 편리하고 녹지가 풍부하며 분위기가 좋은 동네에서 입지와 환경이 괜찮은 집을 고를 수 있다.

Space

나에게 꼭 맞는 주거 공간

아파트 리노베이션의 장점 ❷

흔히 볼 수 있는 '3LDK' 평면은 부부 + 2명의 자녀 가정을 기본으로 한 것. 내가 원하는 대로 평면을 리노베이션해 보자. 부엌 하나만 해도 오픈형인지 독립형인지 등 자신의 취향과 라이프 스타일에 맞게 계획할 수 있다. '비밀 캠프 같은 아이방'이나 '작업에 집중할 수 있는 아틀리에'도 충분히 만들 수 있다.

Interior

아파트 리노베이션의 장점 ❸

좋아하는 소재와 마음에 드는 인테리어로 가득한 공간

'발에 닿는 촉감이 좋은 원목 마루 바닥재를 깔고 싶다', '그동안 모은 빈티지 가구가 잘 어우러지는 공간을 만들고 싶다'. 아파트 리노베이션의 묘미는 내가 좋아하는 소재를 고를 수 있다는 것. 그리고 좋아하는 인테리어를 전체적인 공간으로 표현할 수 있다는 것. 자신이 좋아하는 것들을 눈에 담을 수 있는 일상이야말로 '행복한 삶'이 아닐까.

CHOPIN
COMPLETE WORKS

Convenient

수납도 깔끔해진다
집안일이 편해지고

아파트 리노베이션의 장점 ❹

리노베이션은 집안일의 효율을 높일 수 있는 절호의 기회. 예컨대 부엌과 세탁기가 있는 다용도실을 가까이 배치하면 요리와 세탁을 동시에 할 수 있다. 드레스룸과 팬트리 등 수납 공간을 잘 계획하면 '항상 깔끔하게 정리된 집'은 더이상 꿈이 아니다. 집안일에 대한 부담과 수납 스트레스를 해결할 수 있다.

BIG DRUM

Communication

가족이나 친구들과의 커뮤니케이션

아파트 리노베이션의 장점 ❺

부부가 함께 일할 수 있는 오픈 스타일 부엌, 거실 한쪽에 만든 아이를 위한 공간. 요즘 인기 있는 집의 플랜은 '가까운 사람과의 관계'를 중시하는 스타일이 많다. 외출도 좋지만, 집에서 가족과 보내는 시간이 충만한, 그런 넉넉한 삶을 아파트 리노베이션으로 이룰 수 있다.

CONTENTS

Chapter 1

아파트 리노베이션으로 얻은 편안한 생활

Chapter 2

아파트 리노베이션의 기초 지식

Chapter 3

아파트 리노베이션 상세 비용 알아보기

Chapter 4

공간별 아파트 리노베이션의 비결

Chapter 5

리노베이션할 때 인기 설비 & 내장재 카탈로그

※ 평면도의 생략 기호는 L=거실, D=다이닝룸, K=부엌, W·I·C=드레스룸(walk-in closet)이다.
※ 상품과 리노베이션 회사 등의 데이터는 2019년 3월 기준 자료이다.

Chapter 1

아파트 리노베이션으로 얻은 편안한 생활

좋아하는 동네에서의 소박한 생활.
좋아하는 인테리어로 가득 채운 나만의 생활을 위해
아파트 리노베이션을 선택한 여섯 집을 소개한다.

GOOD LIVING
2 BASIC KNOWLEDGE
3 CONTENT OF EXPENSE
4 POINT AND IDEA
5 THE LATEST CATALOG
6 COMPANY GUIDE

1

RENOVATION

햇볕이 들어오는 '실내 테라스'를 만들어 식물과 함께하는 집

- I 씨의 집

도쿄 도

오래된 아파트를 구입해 리노베이션을 한 I 씨 부부. 인테리어 플랜과 취향은 부인이 제안하고 남편과 함께 결정했다. 부부의 공통 취미인 '식물 가꾸기'를 리노베이션 플랜에 적극 반영해 사람도 식물도 쾌적하게 지낼 수 있는 집을 만들었다.

Profile

부부 거주. 남편의 전근으로 홋카이도에서 도쿄로 이사하게 된 지 12년 정도. 임대 주택에 살다가 아파트를 구입하게 되었다. 실내는 아내가 좋아하는 북유럽풍으로 꾸몄다.

Size: 66.08m² Built: 33 years Cost: 12,000,000 yen
Construction: 2 months Family: 2 Area: TOKYO

I HOUSE

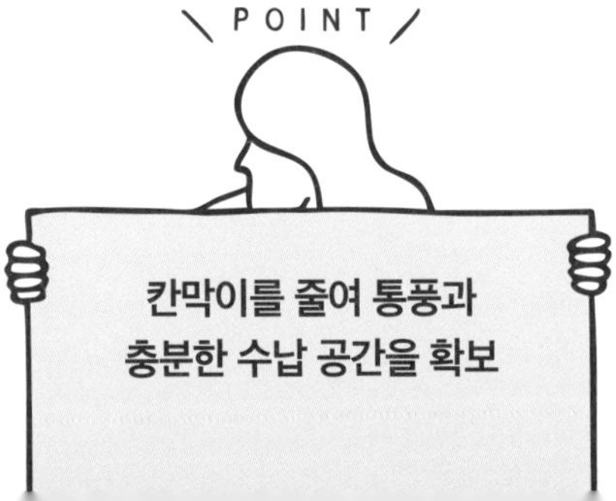

Dining & Inner Terrace

'식물을 많이 둘 수 있는 집'을 꿈꿔왔는데 '실내 테라스'로 그 꿈을 이루었다. 검은색 격자 칸막이와 콘크리트 블록이 내추럴한 공간에 악센트를 준다. 커튼은 마리메코(Marimekko).

1

1

2

1. 북유럽 빈티지 그릇으로 티타임을. 옌스 퀴스트가드(Jens Quistgaard)의 릴리프(앞쪽)와 블루 아주르(Azur) 커피잔(뒤쪽)은 특별히 좋아하는 것. 2. 가스레인지는 린나이. "부엌이 훤히 들여다보이기 때문에 예쁜 것들을 골랐어요.(웃음) 관리하기 힘든 생선구이 그릴은 없어도 괜찮겠다 싶어서요."

Kitchen

Dining & Inner Terrace

1. 남향에 위치한 '실내 테라스'를 통해 항상 빛이 들어와 밝은 주방. 시크한 푸른색 벽에 잘 어울리는 흰색 테이블과 의자(오른쪽), 펜던트 라이트는 아르텍(Artek) 제품. 왼쪽 의자는 크래시 게이트(Crash Gate) 제품. 벽지의 색은 "원래 블루와 그레이 계열을 좋아했는데, 리노베이션 회사의 사례와 잡지를 참고해서 북유럽 가구에 어울리는 색으로 골랐어요." 2. 식물에 따라 구분해 쓰고 있는 물뿌리개는 와이어 바스켓에 모아 대기 중. 자기가 산 화분의 물은 자기가 주는 것이 I 씨 집의 규칙. 3. 우드 박스를 이용해서 식물 코너로.

2

3

3

3. "꿈꿔왔던 부엌의 오픈 선반에 커피 도구를 진열했어요." 보이고 싶지 않은 물건은 왼쪽에 있는 팬트리에 수납. 4. 한 칸에 한 종류의 물건만 넣어 정리한 부엌의 서랍 안. 보기에도 좋고 넣고 빼기도 편하다. 무인양품의 칸막이 판을 활용했다.

4

1

Living Room

1. 바닥은 천연 오크재. 소스트레네 그레네(Sostrene Grene)의 받침대와 후쿠오카 생활 도구점 TRAM의 포장지를 넣어 만든 액자 등 검은색 아이템이 바닥재의 부드러운 질감에 긴장감을 준다. 2. 스트링(String)의 시스템 수납장을 벽에 설치해 작업 공간과 디스플레이 공간을 겸한 코너를 만들었다. 여백을 고려하면서 우다 마사시의 작품인 삼각 화병과 '리사 라손'의 오브제 등 좋아하는 것들을 장식했다. 의자는 크래시 게이트, 탁상 램프는 이케아에서.

2

1. 세면실은 문이나 칸막이벽 없이 오픈형으로. 안쪽에는 윗부분이 뚫린 유리 벽으로 칸막이를 한 드레스룸이 있다. 2. 벽의 한 면을 스모키 그린으로 칠한 침실. 서랍장은 구입한 지 10년이 넘은 북유럽 빈티지. 마리메코의 패브릭 패널은 직접 만든 것. 3. 현관 옆방을 철거해 신발 수납 장소를 겸하는 공간을 만들었다. 4. 오크재 바닥이 현관까지 이어진다.

Washroom 1

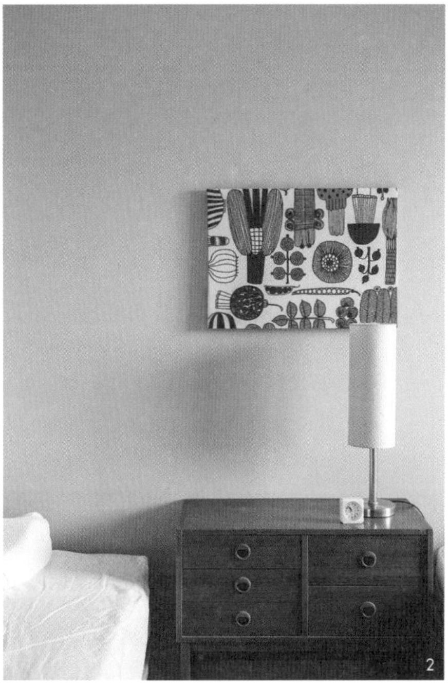

Bedroom 2

Entrance 3

Corridor 4

I 씨의 리노베이션 스토리

Q 리노베이션을 하게 된 계기는 무엇인가요?

A 도쿄의 신축 주택은 비싼 가격에 비해 제가 원하는 평면이나 설비를 기대할 수 없었어요. 그래서 처음부터 '오래된 아파트 리노베이션'을 생각하고 있었지요. 몇 년 전부터 서점에서 리노베이션 잡지를 자주 찾아 보게 되었고, 원래부터 인테리어를 좋아했기 때문에 제가 좋아하는 스타일로 만들 수 있는 리노베이션을 꿈꿨어요. 도쿄로 전근을 오게 된 후 임대로 살다가 아파트를 구입하게 되어 리노베이션 했어요.

Q 아파트와 설계 업체는 어떻게 찾았나요?

A 리노베이션 잡지에 실린 회사의 시공 사례를 인터넷으로 많이 찾아봤어요. 마음에 드는 두 회사의 세미나도 참석해보고, 최종적으로 다양한 스타일의 집을 다루고 있고 제 취향을 맞춰줄 수 있을 것 같은 'nu 리노베이션'을 선택했어요. 아파트 찾기부터 원스톱으로 의뢰할 수 있었고, 결국 이 아파트를 찾아줬어요. 가장 결정적인 것은 가격이었지만 남향인 것과 밝은 공간을 만들 수 있겠다는 점이 결정하는 데 도움이 되었어요.

Q 리노베이션을 통해 얻고 싶었던 건 무엇인가요?

A 우리 부부의 취미인 식물을 기르고 꾸밀 수 있는 집이요. 베란다와 접해 있는 1평 남짓한 실내 테라스는 바닥에 방수 가공을 한 모르타르 마감으로 물이나 흙이 흘러내려도 걱정 없어요. 사람도 식물도 쾌적하게 지낼 수 있도록 밝고 개방적인 평면을 만들고 싶었어요. 세면실과 드레스룸은 일부만 칸막이를 해서 빛과 바람이 지나가는 길을 만들었어요. 봉당이 있는 현관, 오픈 키친, 거실의 스트링 선반도 원하던 것이었어요.

Q 예산 배분은 어떻게 했나요?

A 아파트 구입비와 리노베이션 비용의 합계액을 예산으로 잡았어요. 리노베이션 비용을 추가하더라도 예산 안에서 해결되는 가격의 매물을 여러 지역에 걸쳐 융통성 있게 찾았지요. 아파트 특유의 어둡고 폐쇄적인 현관이 싫었고 많은 식물을 쉽게 돌볼 수 있는 환경을 만들고 싶었기 때문에 현관 봉당과 실내 테라스에는 예산을 좀 들였어요. 반대로 욕실과 화장실은 최소한의 설비로 심플하게 만들어 비용을 줄였어요.

Q 즐거웠던 일과 힘들었던 일은 무엇인가요?

A 스위치 같은 부품을 고르는 과정이 즐거웠어요. 사용해보고 싶었던 토글 스위치도 종류가 많아서 고르는 것만으로도 즐거웠어요. 담당자가 제안한 놋쇠 스위치를 봤을 때는 엄청 설레더군요. 리빙 도어도 제가 좋아하는 색상과 유리를 고를 수 있어서 즐거웠어요. 힘들었던 점은 아파트를 찾는 것이었어요. 생각보다 거리가 멀어서 지치기도 했고, 막상 가 보면 주위 환경이나 평면이 좀 아쉬워서 정말로 원하는 집을 찾을 수 있을까 불안했어요.

Q 지금 집은 편안한가요?

A 빛과 바람이 잘 통하는 집이라 쾌적하게 지내고 있어요. 식물을 키우기 편하고 계절마다 인테리어를 바꾸는 것도 즐거워요. 리노베이션을 한 후 친구를 집으로 초대할 기회가 많아졌는데 겨울인데 '따뜻하다'는 말을 들어 기분 좋았어요. 남향인 덕도 있겠지만 원목 바닥재를 깔아 겨울에도 여름에도 쾌적하게 지낼 수 있는 것 같아요. 자전거로 대부분의 볼일을 처리할 수 있는 입지도 마음에 들어요.

Q 리노베이션을 하고 싶은 사람에게 조언한다면?

A 집의 전체적인 이미지와 이것만은 절대로 양보할 수 없겠다 싶은 부분은 미리 정해 두는 게 좋아요. 우리집의 경우, 북유럽 스타일로 정해 두었기 때문에 선택지를 고르기 쉬웠고 봉당을 만들어 현관을 밝고 넓게 만드는 것은 양보할 수 없었기 때문에 아파트를 선택할 때 기준으로 삼았어요. 부엌이나 욕실 등의 설비를 선택하는 데에도 시간이 오래 걸리지만, 스위치나 창호 같은 소소한 것들을 고르는 데에도 시간이 걸려요. 미리 알아보고 어느 정도 정해 두세요.

가족 구성	부부
건축연수	약 33년
전용면적	66.08㎡
리노베이션 면적	66.08㎡
리노베이션 부분	전체
공사 기간	2017년 7월~9월
공사비	약 1200만 엔
리노베이션 설계	nu 리노베이션 https://n-u.jp

R 2
RENOVATION

좋아하는 소파가 있는 인테리어 플랜

- K 씨의 집

히로시마 현

'단독 주택에도 살고 싶지만 풀타임으로 일하는 지금은 아파트가 안성맞춤'이라는 생각에 오래된 아파트를 리노베이션하기로 선택. 기본 설계는 남편이 직접 맡아 밤마다 컴퓨터 앞에서 살았다고 한다. 다른 도시로 모로코 러그를 고르러 가는 등 리노베이션을 하면서 인테리어를 더욱 즐기게 되었다.

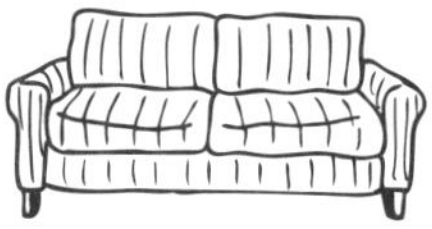

Profile

강아지, 토끼와 함께 사는 부부. 원래부터 인테리어와 DIY에 관심이 있던 남편이 리노베이션을 주도. 인스타그램(@taka509)에 생활하는 모습을 소개하고 있다.

Size: 64.35m² Built: 30 years Cost: 7,800,000 yen
Construction: 2 months Family: 2 Area: HIROSHIMA

K HOUSE

64.35m²

BEFORE

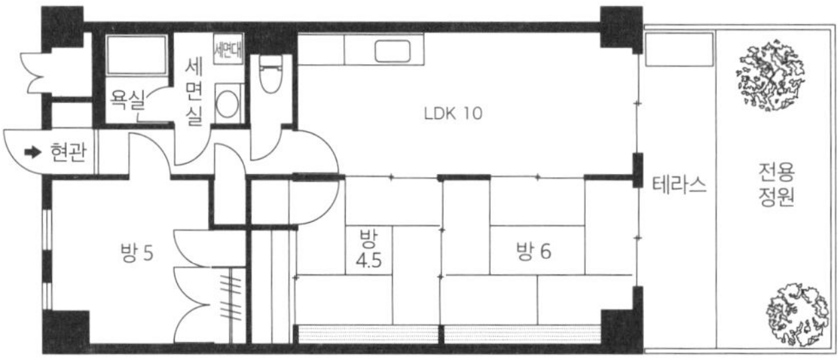

3LDK

↓

AFTER

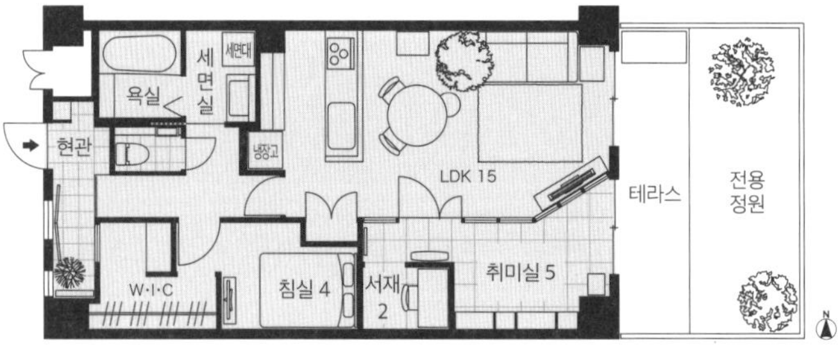

2LDK + W·I·C

POINT

'우리집 인테리어의 핵심'으로 고른 TRUCK의 소파. 보기에도 예쁘고 분위기와 회사의 이념도 좋아 리노베이션 하면 꼭 놓고 싶었던 것. 모로코 러그와도 잘 어울린다. 식탁은 '사시모노가구 다카하시'에 주문. 벽에는 야마우치 다케시의 태피스트리를.

Living & Dining

남편이 일부러 투박한 스타일로 만든 사이드 테이블은 너비가 제각각인 판자들을 조합한 디자인이 특징. 벼룩시장에서 찾아낸 스툴과 함께 종이 램프 AKARI, 미나 페르호넨의 인형을.

서브웨이 타일을 시공하고 싶었던 정면 벽에는 비용을 줄이기 위해 시공사에 남아 있던 갈색 브릭 타일을 붙였다. 다소 압박감이 느껴지는 것 같아 입주 후 DIY로 하얗게 칠했다. 밝고 넓게 느껴진다.

Dining & Kitchen

1. 크기가 다른 2개의 오동나무 차 박스 안에는 카메라를 넣어두었다. 상자별로 멋지게 디스플레이. 2. 천장과 벽을 콘크리트 노출로 시공할 생각도 있었지만 1층이라 어두침침한 분위기가 될 것 같아 포기. 대신 부엌과 왼쪽의 취미실 칸막이벽에 콘크리트를 활용했다.

2

1

부엌과 뒷면 카운터는 '클린업'. 식당이 나 카페 느낌의 부엌을 좋아해 전체를 스테인리스로. 오븐레인지는 '발뮤다'. 바깥으로 꺼내 놓은 가전류는 디자인과 색에 신경을 써 취향을 통일했다.

1

2

Hobby Room

1. 취미실 입구. 삼나무 판 무늬를 넣은 콘크리트 벽 뒤쪽에는 데스크 코너가 있다. 2. "꽃집에 장식되어 있던 스웨그를 보고 한눈에 반했어요." 빛바랜 느낌이 목조 칸막이와 잘 어울린다. 3. 칸막이 위쪽에 오픈된 공간을 두어 인접한 LD와 연결된 느낌을 준다. 4. 흰색 오픈 선반에 '시선'이 가도록 외국 민예품과 디자이너 작품을 장식.

3

Entrance

왼쪽) 현관 주변도 평면을 대폭 변경하여 공용 복도와 접해 있는 방의 일부를 현관 봉당으로. 코트 걸이로 쓰는 옷걸이는 근처 재활용 가게에서.

Toilet

오른쪽) 현재 부엌 위치에 있던 화장실을 현관 근처로 이동. LDK의 면적을 넓힐 수 있었다. 화장실 내부의 벽은 한 면을 '콘크리트 이펙트 페인트'로 마감.

K 씨의 리노베이션 스토리

Q 리노베이션을 하게 된 계기는 무엇인가요?

A 이사할 집을 찾고 있을 무렵 아파트 리노베이션 설명회에 참가하게 됐어요. 지금처럼 '리노베이션'이라는 단어를 많이 쓰지 않던 때였는데, 아파트에서도 자기만의 개성을 표현할 수 있다는 것을 알고 관심을 갖게 되었어요.
단독 주택도 고려하고 있었지만 원하는 지역은 가격이 너무 높아서 '거주 지역', '예산', '내가 원하는 생활'이라는 조건을 모두 충족시킬 수 있는 리노베이션을 선택하게 되었어요.

Q 아파트와 설계 업체는 어떻게 찾았나요?

A 6개월 넘게 정보지와 부동산 사이트를 봤어요. 관심 가는 매물이 있으면 실제로 찾아가 그 장소의 분위기를 살펴봤어요. 최종적으로 결정하게 된 것은 교통이 편리하고, 동물을 키울 수 있고, 세대 수가 많아 관리비가 쌌기 때문이에요. 그리고 1층이라 넓은 정원이 딸려 있기도 했고요. 의뢰한 시공업체는 사실 형이 경영하는 회사예요. '가족 할인' 같은 건 없었지만(웃음) 오랫동안 작업을 봐왔기 때문에 품질은 틀림없다고 생각했어요.

Q 리노베이션을 통해 얻고 싶었던 건 무엇인가요?

A 리노베이션에 맞춰 TRUCK의 FK 소파를 구입하기로 했는데, 그 소파가 잘 어울리는 집이길 바랐어요. 그것과 어울리는 유리 & 다모재 & 콘크리트를 사용한 칸막이와 콘크리트 키친 카운터도 만들었죠. LDK를 넓히면서 방의 개수가 줄었지만 둘만 사니까 불편하지는 않아요. 침실은 조용한 공간으로 만들고 싶어서 현관과 먼 중앙 부분에 배치했어요. 넓은 현관과 욕실도 만들 수 있었어요.

Q 예산 배분은 어떻게 했나요?

A LDK에 70프로, 그 외 부분에 30프로를 배분했어요. 돈을 들인 것은 칸막이 창호와 콘크리트 벽. 모르타르에 비해 '오래 그곳에 있었던' 것 같은 질감이 느껴지는 콘크리트가 좋아서 비용이 좀 늘어났어요.
기성제품을 활용해서 비용을 절감했어요. 취미실의 오픈 선반은 무인양품 스타킹 선반을 직접 흰색으로 페인트칠했어요. 인터넷 경매 등에서 싸게 구한 앤티크 도어 손잡이를 시공업체에 주고 설치를 부탁했어요.

Q **즐거웠던 일과 힘들었던 일은 무엇인가요?**

A 내가 원하는 이상적인 삶을 그려보고 평면과 디자인을 생각하는 작업이 즐거웠어요. 스스로 확고한 이미지를 갖고 있었기 때문에 직접 초기 도면을 그렸어요. 덕분에 비용이 절감되었지요.
힘들었던 것은 예산 형편상 '포기할 것'을 선택하는 것이었어요. 부엌 수전은 디자인이 너무 예쁜 그로헤 제품을 쓰고 싶었지만 포기했어요. 하나하나는 소액이지만 쌓이면 크다는 걸 절실히 느꼈어요.

Q **지금 집은 편안한가요?**

A 주말에 집에서 느긋하게 지내는 시간이 많아졌어요. 집이 좀 더 넓었으면 좋겠다는 생각은 들지만 오래된 아파트라도 '자신만의 개성' + '최신 설비'를 가질 수 있어 평소 꿈꾸던 이상적인 삶을 얻었다고 생각해요. 리노베이션을 하면서 인테리어를 더 많이 즐길 수 있게 됐어요. 방에는 생화와 식물을 항상 가져다놓아요. 요즘은 스웨그가 맘에 들더군요. 계절과 기분에 따라 인테리어를 바꾸며 즐기고 있어요.

Q **리노베이션을 하고 싶은 사람에게 조언한다면?**

A 아파트 매매까지 동시에 진행할 경우, 아파트를 싸게 사면 리노베이션 비용에 많은 예산을 투입할 수 있으므로 서두르지 말고 차분하게 아파트를 고르는 게 중요해요.
그리고 저는 옛날에는 인더스트리얼한 분위기를 좋아했는데 지금은 달라졌어요. 너무 강한 주제에 집착하면, 이게 아닌데 싶을 때(= 취향의 변화)가 오게 돼요. 그러니 여백이랄까, 변화시킬 수 있는 여지 같은 것을 리노베이션 플랜에도 넣어 두면 좋을 것 같아요.

DATA

가족 구성	부부
건축연수	약 30년
전용면적	64.35㎡
리노베이션 면적	64.35㎡
리노베이션 부분	전체
공사 기간	2013년 2월~3월
공사비	약 780만 엔
리노베이션 설계	주식회사 BST www.bst-co.jp

3

RENOVATION

‘보여주기’와 ‘숨기기’의 묘미를 살려 자연 소재로 마감한 집

- 도요타 씨의 집

히로시마 현

남편의 전근으로 도요타 씨 가족은 추고쿠 지방 각지의 임대 주택에서 살았다. 다양한 집에 살면서 고민 끝에 얻어낸 ‘생각’과 자신들의 ‘취향’을 새로 매입한 아파트 리노베이션에 마음껏 반영. 천연목재와 사이잘삼 등의 자연 소재를 고집한 내장재, 평상시 집안을 깔끔하게 유지할 수 있는 대형 수납 공간. 이상적인 공간을 위해 차근차근 진행했다.

Profile

부부와 초등학교 4학년 딸이 있는 3인 가족. 거실에 있는 피아노로 남편이 연주를 즐기기도 한다. 인테리어를 좋아하는 아내는 10대 무렵부터 잡지를 보고 숍을 드나들며 자극을 받았다고 한다.

Size: 96.77m² Built: 19 years Cost: – Area: HIROSHIMA

Construction: 4 months Family: 3

TOYOTA HOUSE

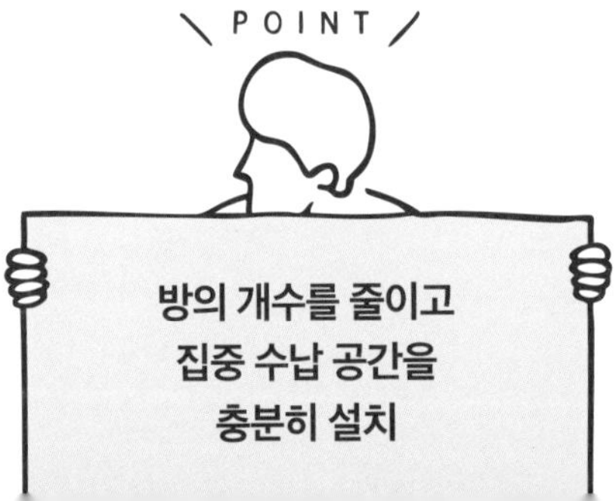

Corridor

구조상의 단차를 역이용해 복도는 내추럴한 매력이 있는 사이잘삼으로, 안쪽의 LD는 천연목 나라재로 바닥재를 구분해 사용했다. 이케아 캐비닛에는 아프리카 그릇과 오래된 화분대 등을 여유롭게 장식했다.

1

2

Dining Room

1. 확장형 식탁을 펼친 상태로 여유롭게 사용. 결혼할 때 파격적인 가격에 구입한 것. 조명은 악시스(AXCIS). 2. 우아한 공간에 아스티에 드 빌라트(Astier de Villatte)의 그릇이 돋보인다. 3. 원래 방이었던 곳을 식사 공간으로. 건물 몸체 부분의 질감을 살리고 싶어서 벽은 페인트로 마감했다.

3

1

2

Kitchen

1. 검은색 조명은 유후인에 여행 갔다가 골동품점에서 발견한 깔때기로 직접 만든 것. 좋아하는 앤티크 글라스와 스푼 등을 글라스돔에 모아서 보관. 2. 시스템 부엌은 TOTO. 붙박이 카운터에 높은 가림벽을 설치한 것은 "숨고 싶어서예요(웃음). 요리하는 모습을 보이기 싫어서 일부러 대면식으로 만들지 않았어요." 3.4. 수납장을 많이 만들지 않고 캐니스터(보관 용기)나 트레이 등을 상황에 맞춰 사용.

3

4

Kitchen

원래는 벽으로 둘러싸인 독립형 부엌. "빛이 들어왔으면 해서 오픈형으로 만들었어요." 벽면의 타일은 불균질한 질감과 줄눈의 가로 세로를 맞춰 시공하는 데 신경 썼다. 글라스의 반짝임이 돋보이도록 선반도 설치. 인더스트리얼 조명은 '우드 프로'에서.

Living Room

1. 소파 뒤쪽의 벽으로 막힌 서재에 어수선해 보이는 서류나 책을 모아두어 거실이 깔끔하다. 2면에 큰 창이 있어 빛이 충분히 들어오는 아파트 끝집이라는 것도 이 집을 구매하는 데 결정적인 역할을 했다.

2. 마쓰이 목공의 서랍장. 여기서 외출 준비를 하는 딸을 위해 골랐다. 3. 소파는 '이케아'에서. 4. 서재에서는 가끔 서류를 작성하기도 한다. 큰 액자에는 로마자 표기의 화장품 설명서를 넣었다.

(왼쪽 위) 딸의 방은 침대와 책상만 놓으면 된다는 생각에 최소한의 넓이로. 책상은 가구 산지로 유명한 히로시마 현의 회사 제품으로 '필요가 없어지면 버릴 물건이 아니라 앞으로 어디를 가도 가지고 다닐 물건'으로 골랐다.
(오른쪽 위) 갖고 싶었던 콜러(KOHLER)사의 수전과 볼을 설치한 세면대. 기존 거울에는 액자를 형상화한 나무틀을 덧댔다. 오른쪽의 부엌과 왕래할 수 있는 편리한 동선은 이전의 평면을 그대로 살린 것이다.
(왼쪽 아래) 평면을 변경해 현관에 자연광을 들이고 싶었다는 남편. 커튼 안쪽은 팬트리. 쇼핑하고 돌아와 신을 신은 채 사 온 물건을 수납할 수 있어 편리.
(오른쪽 아래) 현관 봉당은 특히 좋아하는 장소. 문을 열었을 때 작은 불빛이 있으면 좋겠다는 생각에 가나가와 요시오의 조명을 낮은 위치에 매달았다.

Kid's Room

Washroom

Entrance

Entrance

도요타 씨의 리노베이션 스토리

Q 리노베이션을 하게 된 계기는 무엇인가요?

A 사택을 전전하다가 아이가 초등학교 2학년(당시)이 되니 슬슬 정착해야겠다는 생각이 들었어요. 지금까지의 집은 '임시 거주지'라서 자유롭지 못하고 비좁은 감도 있어 우리만의 공간을 갖고 싶었어요.
단독 주택에 대한 동경이 없는 건 아니었지만 지금 우리의 라이프 스타일을 생각하면 아파트가 좋겠다 싶었어요. 마음에 드는 집을 만들고 싶어 리노베이션을 하게 됐죠.

Q 아파트와 설계 업체는 어떻게 찾았나요?

A 살면서 익숙해진 곳이기도 해서 아이가 전학하지 않아도 되는 지역에서 매물을 찾았어요. 제일 중요하게 생각한 것은 넓이예요. 70㎡ 안팎의 아파트가 많았지만 100㎡ 가까운 걸 찾아냈고 내진 기준도 충족해서 그 자리에서 결정했어요.
리노베이션 회사는 인터넷으로 찾았어요. 홈페이지 분위기를 보고 마음에 들어 상담하러 갔죠. 우리 생각에 차분히 귀 기울여 주는 것이 마음에 들어서 바로 결정했어요.

Q 리노베이션을 통해 얻고 싶었던 건 무엇인가요?

A 전체적으로 심플하고, 보이는 부분과 보이지 않는 부분을 확실히 구분하는 것이었어요. 그리고 밝고 통풍이 잘되면서 일체감과 개방감이 있는 공간을 원했어요. 서재와 드레스룸 등을 계획적으로 설치했고 어두웠던 현관은 수납 통로를 겸한 봉당 공간으로 만들어 자연스러운 빛을 확보할 수 있었어요.
피부를 통해 느낄 수 있는 온기도 중요하다고 생각했기 때문에 원목 나라재 바닥과 욕실 및 부엌 주변의 타일, 사이잘삼 등 자연 소재를 사용하는 것에도 신경을 썼어요.

Q 예산 배분은 어떻게 했나요?

A 언덕에 있어 장 보러 다니기 불편한 아파트라서 조금 저렴하게 살 수 있었어요. 그래서 리노베이션에 예산을 할애할 수 있었죠.
다만 어느 정도 넓이가 있는 집이었기 때문에 뼈대만 남기고 평면을 처음부터 만들면 아무래도 예산이 초과되겠더라고요. 살릴 수 있는 벽은 살리고 기존의 것(세면대 거울, 신발장, 리빙 도어 등)도 이미지에 맞는 것은 손질하여 재사용하면서 예산을 조절했어요.

Q 즐거웠던 일과 힘들었던 일은 무엇인가요?

A 리노베이션의 장점은 정해진 틀 안에서 평면과 소재로 자기의 이상을 실현할 수 있다는 점이에요. 어떤 삶을 살고 싶은지, 어디를 개선하고 싶은지, 상상의 나래를 펴는 게 매우 즐거웠어요.
'주문 제작'이라 결정할 항목이 많은 것은 힘들었어요. 그래도 재미있었어요. 생각했던 것과 결과물 사이에 차질이 없는지 꼼꼼히 체크하는 것도 힘들었지만 리노베이션 현장이 집 근처라서 매일 퇴근길에 확인할 수 있었어요.

Q 지금 집은 편안한가요?

A 좋아하는 공간은 문을 열면 정면으로 빛을 느낄 수 있는 현관, 모르타르 카운터로 둘러싸인 부엌, 거실 모퉁이에 만든 서재예요. 공간에 변화를 주어 심플하고 편안한 집이 되었어요. 단독 주택과 비교하면 창은 적지만 설계를 통해 빛과 바람이 통하는 기분 좋은 공간을 만들었어요. 원목재 바닥과 사이잘삼 같은 자연 소재를 이용해 피부에 닿았을때 편안함을 느끼며 하루하루를 만족스럽게 보내고 있어요.

Q 리노베이션을 하고 싶은 사람에게 조언한다면?

A 이미 평면과 설비가 완성된 새 아파트를 매입하는 것도 좋지만 '상자'를 싸게 사서 내용물을 자유롭게 배치할 수 있는 것이 리노베이션의 큰 매력이지요. 새 집에 놓고 싶은 가구나 갖추고 싶은 설비가 있으면 거기에 맞춰 평면과 조명, 콘센트의 위치를 정할 수 있어요.
자신의 이상을 실현하기 위해 설계 기간을 충분히 확보하고 현장 마감을 자주 확인하는 것도 필요하다고 생각해요.

가족 구성	부부 + 아이 1명
건축연수	약 19년
전용면적	96.77㎡
리노베이션 면적	96.77㎡
리노베이션 부분	전체
공사 기간	2016년 11월 ~ 2017년 2월
리노베이션 설계	스마트 원 디자인 https://smart-one.jp

R 4
RENOVATION

앤티크 가구가 돋보이는 '좋아하는 것들'로 가득 찬 집

- K 씨의 집

사이타마 현

아들이 2살 때 매입한 아파트를 아들이 성인이 되어 독립한 2017년에 리노베이션. 가구와 창호의 대부분은 집에서 가까워 자주 드나들던 앤티크 숍에서 구입한 것. 특별한 애정을 갖고 있는 물건과 새집이 어울릴 것인지 고민하면서 플래닝했다.

Profile

부부가 거주. 식물과 옛날 물건을 활용한 인테리어의 출처는 할머니 집. 아들이 독립하는 참에 가지고 있던 물건을 정리했다. 큰 가구는 가족과 친구에게 주었다.

Size: 74.92m² Built: 22 years Cost: –
Construction: 4 months Family: 2 Area: SAITAMA

K HOUSE

BEFORE → AFTER

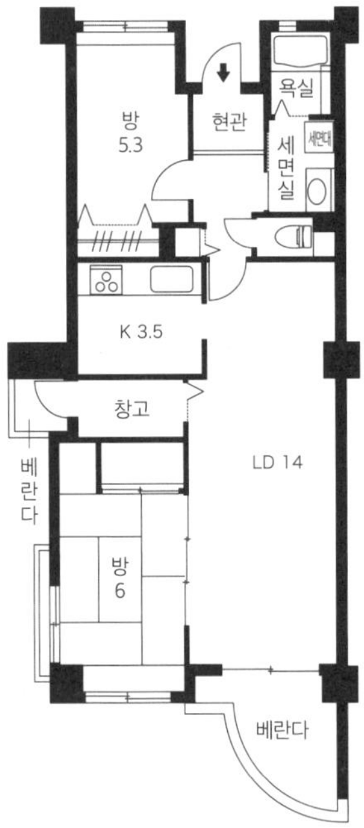

2LDK + 창고

74.92m²

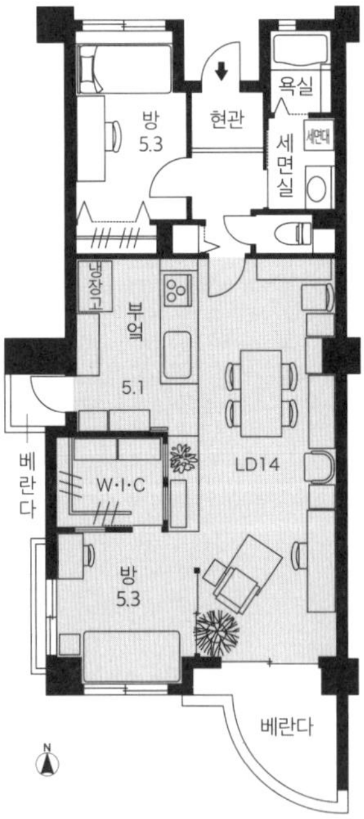

1LDK + W·I·C

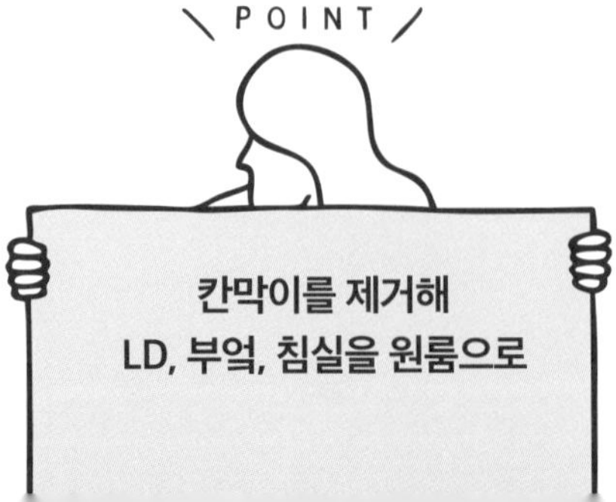

Living Room

거실과 침실 사이의 오래된 미닫이문. 유리 너머의 경치가 예쁘다. 친구가 찍은 사진과 아끼는 자동차 골프 II 미니카를 무심한 듯 장식.

미닫이문 너머는 원래 방이었다. 남향인 2개의 창으로 빛이 듬뿍 들어 온다.

Kitchen

군더더기 없는 디자인이 매력적인 스테인리스 키친은 '산와 컴퍼니'의 '옷소(OSSO)'. 뒷면 벽에는 두꺼운 고재로 선반을 만들었다. '많이 손대지 않는다'는 생각으로 배관은 일부러 그대로 두었다.

"여기서 가족들과 이야기 나누며 일하는 시간이 행복해요." 이전의 부엌은 독립형이라 어두웠다고 한다.

Dining & Kitchen

2

3

1. 2. 3. 작가가 만든 그릇들이 진열된 식기장, 공장에서 쓰던 박스를 활용한 리메이크 선반, 밤나무 목재 × 산화피막 철재의 식탁은 사이타마 · 한노의 'REFACTORY antiques'에서. K 씨가 '내 삶에 없어선 안 될 존재'라고 하는 가게로, 주인의 심미안에 절대적인 신뢰를 가지고 있다. 가게 안의 디스플레이를 통해 배우는 것도 많다고.

Closet

1. 집 안에 옥외 느낌이 나는 공간이 있었으면 해서 바닥 일부를 봉당 사양으로. 모르타르 느낌의 도장과 앤티크 창으로 꾸몄다. 내부는 드레스룸. 2. 실내창 덕분에 채광과 통풍이 완벽하다. 드레스룸 내부는 시판하는 랙을 쓰기 편하도록 배치했다.

Bedroom

1. 침실 구석에는 교회에서 쓰던 오래된 책상과 의자를 놓았다. 아들의 방이 비었기 때문에 남편이 그쪽으로 옮기고 이곳은 부인의 침실로. 2. DIY로 하얗게 칠한 문살. 덕분에 외부의 시선을 적당히 차단할 수 있다. 'REFACTORY antiques'에서 구입한 침대는 수도원에서 사용하던 것. 다리의 생김새가 눈길을 끈다.

Living Room

1. 베란다에 핀 로단테를 드라이 플라워로. 2. 주방에서 쓰던 긴 테이블을 작업 책상으로. 조명은 15년 전에 오르네 드 포이유(orne de feuilles)에서 구입한 것. 3. 벽은 따뜻한 느낌이 드는 크림색으로 칠했다. 바닥은 "가족의 역사를 남겨 두어도 좋지 않을까?"라는 남편의 의견을 따라 그대로 두었다.

K 씨의 리노베이션 스토리

Q 리노베이션을 하게 된 계기는 무엇인가요?

A 아이가 사회인이 되어 독립해 살기 시작하면서 리노베이션을 하기로 했어요. 20년을 살았던 집이라 특별한 애정이 있는 가구들이 많았는데, 작게 나누어진 평면과 어두운 독립형 부엌 안에서 가구들이 좀 답답해 보였어요. 리노베이션을 통해 좋아하는 가구와 도구들이 잘 어울릴만한 공간으로 만들고 싶었어요. 분명 편안한 공간으로 만들 수 있을 거라고 생각했지요.

Q 아파트와 설계 업체는 어떻게 찾았나요?

A 아이가 2살 때, 녹지가 많고 예쁜 동네가 마음에 들어 구입한 아파트예요. 창밖으로 녹음이 보이고 볕이 잘 드는 이 집이 좋았어요. 앞으로 점점 나이가 들어 다리 힘이 약해질 것을 생각하면 아파트가 좋은 것 같아요.
의뢰한 'nu 리노베이션'은 리노베이션 정보 사이트에서 찾았어요. 처음 상담하러 찾아간 회사였는데 직원의 인상이 좋았고 사례를 보니 마음이 설레더라고요. 그래서 쉽게 결정했어요.

Q 리노베이션을 통해 얻고 싶었던 건 무엇인가요?

A 좋아하는 앤티크 가구들이 돋보이는 공간으로 만들고 싶었어요. 그리고 햇볕이 가장 잘 드는 곳이지만 사용하기 불편했던 방을 개조하고, 부엌을 넓고 밝게 만들고, 오두막 같은 드레스룸을 만들고 싶었어요.
부엌은 편안하면서도 지나치게 깨끗하지 않은 분위기로 만들고 싶어서 바닥은 나왕 베니어, 벽은 일부를 콘크리트로 마감했죠. 앤티크 창호도 쓰고 싶었는데, 그 모든 게 다 이루어졌어요.

Q 예산 배분은 어떻게 했나요?

A 스테인리스 키친과 도장된 벽 등 절대로 양보할 수 없는 것들은 사수했어요. 대신에 마루는 기존에 쓰던 것을 남겨두었고, 바닥이나 벽을 직접 칠하며 비용을 줄였어요. 좋아하는 공간으로 만들기 위해 리노베이션을 결심한 건데, 중요한 것을 포기한다면 후회할 거라 생각했으니까요. 남편이 건축 관련 일을 하고 있어서, 나중에 바꿀 수 있다는 생각에 부엌 수전은 업체가 제시한 것 중 가장 싼 것으로 골랐는데 의외로 마음에 들어 그대로 쓰고 있어요.(웃음)

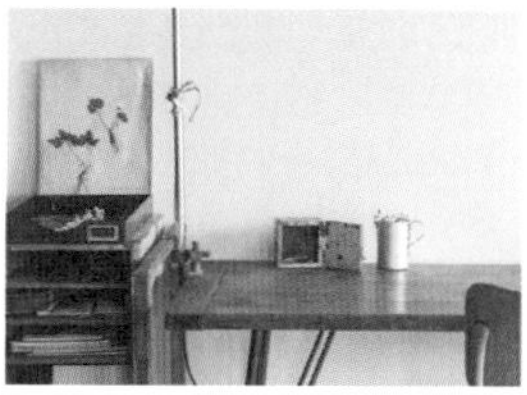

Q 즐거웠던 일과 힘들었던 일은 무엇인가요?

A 평면과 설비를 결정하는 리노베이션 회사와의 회의가 굉장히 즐거웠어요. 매일 단골 앤티크 숍에 가서 창호와 가구 이야기를 하는 것도 즐거웠고요.

'nu 리노베이션'에 설계와 시공을 부탁하는 한편, 인테리어 공사는 'REFACTORY antiques'에 의뢰했어요. 양쪽의 공사 조정이 조금 힘들었지만, 양쪽 모두 흔쾌히 협력하고 조정해 준 덕분에 무사히 완성되었어요.

Q 지금 집은 편안한가요?

A 제 취향대로 만든 집이라 최고예요. 너무 편안해서 카페도 잘 안 가게 되더라고요(웃음). 필름 카메라 촬영이 취미인데 집 안 사진도 자주 찍어요. 부엌을 비롯해 집 전체를 오픈 스타일로 고쳐서 가족과 대화도 늘었어요.

그런데 아이가 쓰던 방을 남편 방으로 만들었기 때문에 아이가 집에 오면 느긋하게 쉴 곳이 없어 미안해요. 방이 하나 더 있는 아파트였어도 좋았을 것 같아요.

Q 리노베이션을 하고 싶은 사람에게 조언한다면?

A 수많은 리노베이션 사례와 인테리어 사진들을 보면서 자기만의 이미지를 확고히 굳히는 것이 힘들기는 할 거예요. 하지만 자신이 만들고 싶은 집의 이미지를 확실히 정한 후 회의에 임해야 방향성이 흔들리지 않고 만족스럽게 마무리할 수 있어요.

그리고 포기하지 말 것. 원하던 것이 예산 사정 등으로 어려워져도 설계사의 지혜를 빌리면 뭔가 좋은 해결책이 나올 거예요.

DATA

가족 구성	부부
건축연수	약 22년
전용면적	74.92㎡
리노베이션 면적	55.50㎡
리노베이션 부분	현관, 방, 세면실, 욕실, 화장실 이외
공사 기간	2017년 7월~10월
리노베이션 설계	nu리노베이션 https://n-u.jp

RENOVATION 5

옛날 초등학교 같은 정겨운 공간에 가족이 모이는 집

- 오후지 씨의 집

효고 현

신축 아파트에 살다가 '아파트 리노베이션에 대한 욕심'이 생겼고, 결국 그 꿈을 이루게 되었다. 신축의 편리함을 버리고 집까지 파는 고생을 해가며 얻고 싶었던 것은 신축에서는 낼 수 없는 '운치'. 쪽매붙임 마루(색깔이나 무늬가 다른 널조각을 붙여 깐 마루 - 옮긴이)와 유공 보드, 기존 창호 등을 활용해 따뜻한 공간을 만들어냈다.

Profile

디자이너인 남편과 카페 직원으로 일했던 아내, 그리고 초등학교 3학년부터 한 살 아기까지 4명의 자녀가 있는 시끌벅적한 집. 인테리어 취향은 부부가 '거의 일치'한다고 한다.

Size: 86.52m² Built: 34 years Cost: 7,500,000 yen
Construction: 3 months Family: 6 Area: HYOGO

OFUJI HOUSE

BEFORE → AFTER

3LDK+창고 3LDK

Dining & Kitchen

스테인리스 키친에 유공 보드와 목재 카운터로 따뜻함을 더했다. 선반을 설치한 주방의 벽은 콘크리트 몸체에 클리어 도장을 하여 소재감을 살렸다.

Kid's Room

실내창을 통해 거실과 연결되는 아이방. 목재 틀에 끼운 것은 유리가 아니라 폴리카보네이트. 깨지지 않아 안심이다. 부엌에서 보이는 것도 장점.

내장재와 인테리어는 대지와 자연이 연상되는 색을 고집했다. 소파 앞에 깐 러그는 '쓰고 싶은 색이 전부 들어있는 우리집 시그니처 컬러'다.

1

2

LDK

1. LD 바닥은 원목 나라재를 이용해 쪽매붙임(parquet) 마루로. 처음부터 '학교 같은 사각 마루'로 이미지를 정했고 나무의 질감을 살려주는 오일로 마감. 2. 가벼운 식사 테이블로도 쓰는 카운터. 물이나 오염에 강한 우레탄 도장을 했다. 머리 위 오픈 선반은 아내가 이전에 카페에서 일할 때 편리했다며 선택한 것. 동선에도 신경 써 키친 카운터는 양쪽에서 접근할 수 있는 아일랜드형으로.

벽의 한 면을 차가운 느낌이 들지 않도록 약간 푸른색을 넣은 그레이로 칠했다. 문은 기존에 있던 것을 검게 칠했다.

1

2

Kitchen

1. 짙은 빛깔의 타일 벽에 조리 도구를 걸 수 있는 철제 바를 설치. 실버 상판 가스레인지는 '하만(HARMAN)'. 하부는 오픈식으로 만들어 바퀴 달린 랙에 냄비와 프라이팬을 꺼내기 쉽게 수납. 바닥은 잡지에서 보고 좋다고 생각한 대형 석재 타일을 시공. 더러워지면 쉽게 닦을 수 있는 것도 마음에 든다. 2. 아내는 매일 효모를 이용해 빵을 굽는다. "요리를 아주 좋아해서 온종일 부엌에 있는 것 같아요. (웃음)"

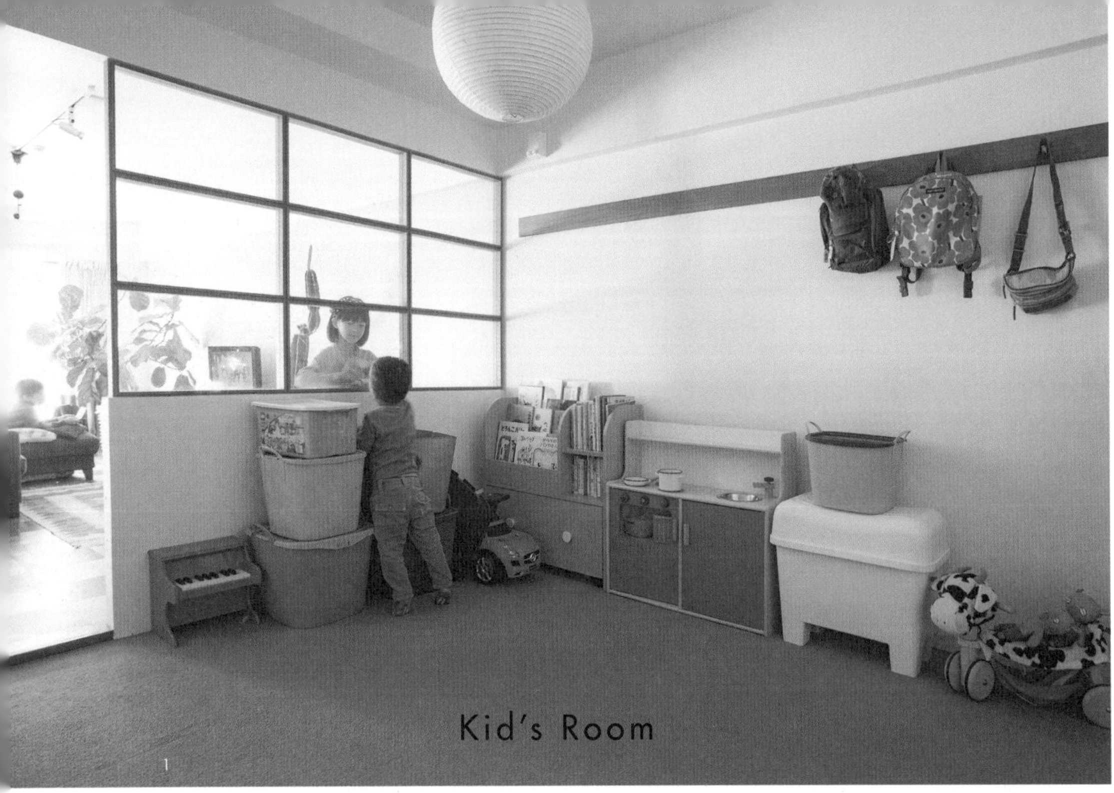

1. 플래닝 때는 둘이었던 아이가 지금은 네 명. 실내창은 원래 다용도실이었던 창문 없는 방에 빛과 개방감을 주고 아이들의 인기척도 전해준다. 바닥에는 오렌지색 카펫을 깔았다. 2. 리조트에 와 있는 듯한 정원. 나무와 화초를 직접 골라 심었다.

Toilet

1

Entrance

2

Washroom

1. 화장실 벽의 한 면을 그린으로. 문고리는 미국산이다. 2. 현관 옆의 방은 리노베이션을 하지 않았지만, 문을 하얗게 칠해 블루로 페인트칠한 벽과 대조를 이룬다. 일러스트 액자는 당시 3명이던 아이들을 그린 남편의 작품. 3. 세면대의 문은 기존 부엌에 있던 것으로, 손잡이를 바꿔 달아 재활용했다. 벽면에 설치한 수전과 사각 도기 세면볼이 레트로 분위기를 연출. 네 자녀의 이니셜이 들어간 컵이 줄지어 있다.

3

오후지 씨의 리노베이션 스토리

Q 리노베이션을 하게 된 계기는 무엇인가요?

A 신축 아파트를 사서 4년 정도 살고 있었는데, 친구 집 근처에서 분위기 좋은 아파트를 보게 되었어요. 오사카와 고베 사이에 잘 지어진 운치 있는 아파트가 많다는 걸 알게 된 거죠.
처음에는 재미 삼아 인터넷 매물을 찾아보기 시작했는데 어느새 간절해졌어요. 처음 신축을 살 때부터 리노베이션에 관심은 있었는데, 찾던 지역에 마땅한 매물이 없었어요. 다시 리노베이션 하고 싶다는 마음이 스멀스멀 되살아난 거죠.

Q 아파트와 설계 업체는 어떻게 찾았나요?

A 인터넷으로 찾아보다가 눈에 띄는 몇몇 집은 사전 답사도 했어요. 이 아파트로 결정한 것은 지역, 물건의 매력(외관, 건축연수, 관리비), 가격이 원하던 것에 가까웠기 때문이에요. 무가지(Free paper)를 통해 '아트 앤 크래프트'라는 리노베이션 회사를 알게 되었어요. 시공 사례 등을 보니 건축 자재를 사용하는 방법 등 감각과 센스 부분에서 제가 생각하는 것을 잘 맞춰 주겠다는 확신이 들었어요.

Q 리노베이션을 통해 얻고 싶었던 건 무엇인가요?

A 저희 부부는 둘 다 운치 있는 걸 좋아해서, 신축에는 없는 멋스러움을 주거 공간 전체에 도입하고 싶었어요. 그 때문에 구체적으로 원했던 것이 학교 같은 이미지의 사각 쪽매붙임 마루와 나무틀로 된 실내창. 문 손잡이와 서랍의 손잡이도 레트로 디자인 제품을 활용했어요.
'가족이 각자의 장소에서 좋아하는 일을 하면서도 서로의 인기척을 느낄 수 있는 평면'도 신경 쓴 부분. 아내가 원했던 아일랜드 키친도 한몫했어요.

Q 예산 배분은 어떻게 했나요?

A 처음부터 원했던 LD의 바닥, 실내창, 부엌에는 돈을 썼어요. 바닥을 원목재로 하고, 실내창의 나무틀을 제작하고, 부엌 전체를 주문 제작해 비싸졌지요. 그만큼 화장실과 세면실은 비용을 줄였어요. 화장실 벽은 원래 있던 벽지 위에 페인트칠했고 문은 기존에 있던 것을 재활용했어요. 세면실 바닥은 염화비닐 타일에 줄눈봉 시공으로 타일 느낌을 냈어요. 원하는 이미지를 최소한의 비용으로 이루어낸 것 같아요.

Q **즐거웠던 일과 힘들었던 일은 무엇인가요?**

A 아파트 매물을 찾는 일부터 입주까지 엄청 즐거웠어요. 가능하다면 한 번 더 하고 싶을 정도예요. 함께 매물을 찾아달라는 사람이 있다면 도와드릴게요(웃음). 설계 회의는 이미지 공유가 어려울 것이라 생각했는데 그것도 괜한 걱정이었어요. 힘들었던 것은 살던 신축 아파트를 당장 팔아야 했다는 점. 시세보다 싸게 팔아야 해서 걱정이 많았어요.

Q **지금 집은 편안한가요?**

A 신축 아파트도 최신 설비가 갖추어져 있으니 살기 편할 거라 생각해요. 하지만 지금 집으로 옮긴 후에는 실질적인 편리함과 쾌적함이라기보다는 '우리가 마음에 그리던 공간에서 매일 생활한다'라는 면에서 날아갈 것 같은 기분이 들어요. 이건 말로는 잘 표현할 수 없는 부분이에요.
시간이 꽤 흘러 아이들이 집에 대해 뭔가를 표현하는 일은 줄었지만, 놀러 온 아이들의 친구가 가끔 '카페 같다'고 말하곤 해요.

Q **리노베이션을 하고 싶은 사람에게 조언한다면?**

A 요즘은 리노베이션 정보가 아주 많이 나와 있으니 마음에 드는 것들을 모아 이미지를 구체화하세요. 말로는 표현이 어려우니 잡지 등의 사진을 보여주는 게 최고예요. 의사 전달이 제대로 된다면 그대로 만들 수 있어요. 이 쾌감은 리노베이션을 통해서만 얻을 수 있는 거라 생각해요.
리노베이션 회사 선택도 중요해요. 사소한 부분의 센스 같은 것, 내가 특별히 신경 쓰는 부분을 감각적으로 파악해 줄 것인가 하는 점에서 기존 작업을 잘 체크하세요.

가족 구성	부부 + 아이 4명
건축연수	약 34년
전용면적	86.52㎡
리노베이션 면적	79.87㎡
리노베이션 부분	방(1실) 이외
공사 기간	2011년 12월~2012년 2월
공사비	약 750만 엔
리노베이션 설계	아트 앤 크래프트 https://www.a-crafts.co.jp

R 6
RENOVATION

부족한 곳을 조금씩 수리해서 부담 없이 나만의 공간으로

- 요시무라 씨의 집
아이치 현

2008년에 '심플한 구조'의 신축 아파트를 매입. 방이었던 공간의 벽을 허물고 문을 교체하는 등 살면서 자신의 라이프 스타일과 취향에 맞춰 조금씩 부분 리노베이션을 했다. 이것도 아파트 리노베이션 스타일 중 하나.

Profile

도쿄와 나고야를 오가며 활동하는 스타일리스트. 생활에 관련된 스타일링을 폭넓게 제안. 내장도 인테리어도 심플한 것을 좋아한다. 영상 디렉터인 남편과 둘이 산다.

Size: 78.00m²　Built: 10 years　Cost: 2,500,000yen
Construction: –　Family: 2　Area: AICHI

YOSHIMURA HOUSE

78.00m²

BEFORE
3LDK + W·I·C

↓

AFTER
2LDK + W·I·C

Living & Dining

꽃과 잘 어울리는 벽면은 아파트를 매입할 당시 시공업체에 의뢰해 칠한 것. "회반죽 느낌이 나는 도료를 골랐어요. 10년이 지나니 이제야 느낌이 좀 나는 것 같아요."

입주 때는 계단 부분에 벽이 있었고 안쪽은 독립된 방이었다. 벽을 철거해 개방적인 LDK로 만들고 계단과 헤링본 마루로 변화를 주었다.

Dining Room

원래 붙박이 수납장이 있었는데, 부분 리노베이션으로 철거하고 마음에 드는 북유럽 빈티지 캐비닛을 놓았다. 부드러운 톤의 코너에는 친구 오가와 토모코의 일러스트와 검은 캔들 홀더가 악센트.

1

2

3

4

Living Room

1. 드레스룸 문도 좋아하는 스타일로 교체. "디자인이 마음에 들면 기분이 훨씬 좋아져요." 2. 소파는 'FLANNEL SOFA'에서 세미 오더. "앉았을 때 딱딱한 느낌이 마음에 들어요." 조명은 이이호시 유미코의 '식탁의 램프 갓'. 3.4 창가에 부부가 함께 쓰는 책상을 만들었다. 분위기에 어울리지 않는 에어컨은 주방에서 보이지 않는 장소에 설치.

Dining & Kitchen

부엌과 주방의 경계에 자연스러운 악센트를 주고 싶어 벽 일부를 그레이로. 부엌 카운터는 거실쪽으로 가림벽을 세워 내부가 보이지 않도록 했다. 가구 장인에게 주문한 큰 탁자는 브랜드와 연대가 각기 다른 페인트 체어와 함께 편안한 분위기로.

1

2

Kitchen

1. 자주 쓰는 조리 도구는 편하게 사용하도록 직접 바를 설치했다. "아무것도 없으면 허전하고, 너무 늘어놓으면 잡다해지죠. 양과 색상에 신경 쓰고 있어요." 2. 셀렉트 숍 sabot에서 산 컵에는 손님용 앤티크 커트러리를. 3. 부엌 본체는 입주 시 그대로. 앤티크 조명 3개를 나란히 설치해 가볍게 악센트를.

3

오카다 나오토의 흰색 저그(jug: 손잡이가 달리고 주둥이가 넓은 주전자)와 '카페 비브몬 디망슈(café vivement dimanche)'의 드립 포트 등 좋아하는 것들을 진열해 놓은 선반.

1. 소박한 수제 과자는 병에 넣어 그대로 식탁에. "요즘 좋아하는 것은 프리랜서로 활동하고 있는 친구의 cielgris coffee 커피콩이에요."
2. 빵을 넣거나 찻잎을 넣는 등 그때그때 용도에 따라 두루 쓰이는 이후지 마사시의 타원형 박스. 손님이 오면 직접 만든 코스터를 넣어 준비해둔다. 박스 모양이 예뻐서 평소에는 부엌 카운터 위에 올려둔다.

눈에 잘 보이는 곳의 스위치는 레트로풍 토글 스위치로 교환. 세세한 부분일수록 더욱 신경 써서 불필요한 장식이 없는 순백의 이상적인 공간을 만들었다.

요시무라 씨의 리노베이션 스토리

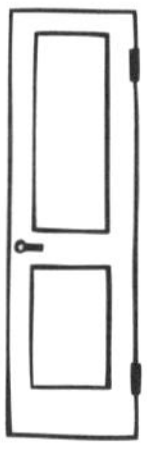

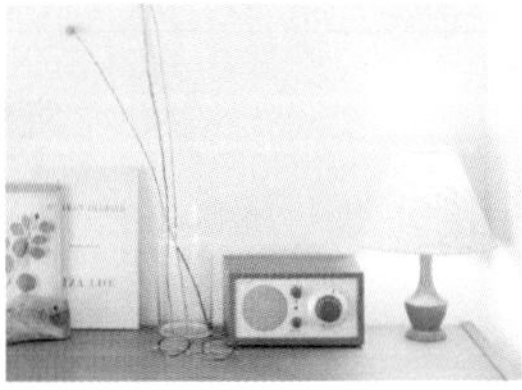

Q 리노베이션을 하게 된 계기는 무엇인가요?

A '바닥은 역시 원목재가 좋아', '문의 디자인이 마음에 들지 않아 바꾸고 싶어' 라는 '욕심'이 생기면서 리노베이션을 고민했어요. 신축 아파트를 산 지 10년이 채 되지 않았던 탓에 전면 수리보다는 부족한 부분만 리노베이션을 하게 된 거죠. 부분 리노베이션은 출근한 후 부재중일 때 공사를 맡기는 경우가 대부분이에요. 임시 거처가 필요 없고 일상생활을 하면서 할 수 있다는 게 장점이에요.

Q 아파트와 설계 업체는 어떻게 찾았나요?

A 매물은 흔히 볼 수 있는 정보지에서 찾았어요. 최대한 디자인이 강하지 않고 평면이 플랫하고 미니멀한 아파트를 찾다가 여기가 심플한 구조라 살기 편하겠다고 직감적으로 느꼈어요.
부분 리노베이션 의뢰처는 제가 마음속으로 그리는 공간을 그대로 재현해 줄 곳인지를 중요하게 봤어요. 벽이라면 벽 시공 평판이 좋은 곳, 바닥이라면 바닥 시공 기술이 좋은 곳 등 그 분야에서 수준 높은 전문업자를 찾아 의뢰했어요.

Q 리노베이션을 통해 얻고 싶었던 건 무엇인가요?

A 비교적 규모가 큰 공사는 거실과 가까운 방의 벽 철거와 LD 마루 교체였어요. LD를 넓은 공간으로 만들 수 있었고 바닥을 좋아하는 색과 재질로 바꿔 쾌적하고 편안한 공간이 되었죠.
아파트에 설치되어 있던 문도 취향에 맞게 교체했어요. 항상 눈에 보이는 물건의 디자인이 마음에 들면 기분이 좋아져요. 창가에 카운터를 설치해 거실에 있으면서도 차분하게 일을 할 수 있게 됐어요.

Q 비용은 어떻게 계획했나요?

A 부분 리노베이션은 비용이 한꺼번에 들지 않는다는 게 장점이에요. 단가가 낮고, 비용이 들더라도 크지 않아서 대출을 받지 않아도 되지요.
그렇다고는 해도 '앞으로 더 이상 바꿀 일이 없을 것'이라고 판단한 마루에는 아낌없이 돈을 썼어요. 세월의 변화를 즐기며 소중히 여길 수 있도록 품질 좋은 원목재를 골라 제대로 시공했지요. 시간이 지나면 점점 더 애착이 갈 것 같아요.

Q 즐거웠던 일과 힘들었던 일은 무엇인가요? 앞으로 어떤 부분을 리노베이션하고 싶은가요?

A 제가 좋아하는 소재와 부품을 찾는 과정이 재미있었어요. 관심 있는 상품을 보러 실제로 가게를 방문하는 것도 즐거움 중 하나였어요. 힘들었던 건 예산과의 타협. 만족스러운 가격에 좋은 물건을 찾는 것이었어요.

앞으로는 아직 손대지 않은 현관, 침실, 세면실을 조금씩 리노베이션 하고 싶어요. 각 공간의 바닥과 벽을 좋아하는 소재로 바꾸고 싶어요.

Q 지금 집은 편안한가요?

A 집에서 보내는 시간이 늘었어요. 밖에 차를 마시러 나가는 것보다 집에서의 티타임이 편안해요. 이전에는 일거리를 집에 가지고 오면 컴퓨터 방(벽을 두고 LD와 연결되어 있던 방)에 틀어박혀 작업해야 했지만 거실 창가에 워크 스페이스를 만든 덕분에 남편도 저도 즐겁게 작업할 수 있어요. 일이 더 잘 된다고 할까요.

전기 스위치라도 하나 바꾸고 나면 한동안은 기분이 새로워요. 그런 기분을 오래 간직하고 싶어요.

Q 부분 리노베이션을 하고 싶은 사람에게 조언한다면?

A 입주 전에 하는 리노베이션과 달리, 어느 정도 살아 본 뒤에 하는 '부분 리노베이션'은 사는 동안 그 집의 장점과 자신들의 생활 패턴을 알 수 있으므로 실패가 적어요.

특별히 원하는 디자인이나 소재가 있다면 디자이너나 설계사 없이 직접 해 보는 것도 즐거울 거예요. 힘들지만 업체 선정도, 최종 비용도 모두 스스로의 책임인 만큼 후회가 없을 것 같아요.

가족 구성	부부
건축연수	약 10년
전용면적	78.00㎡
리노베이션 면적	약 42㎡
리노베이션 부분	LDK, 화장실
공사비	약 250만 엔

Chapter

2

아파트 리노베이션의 기초 지식

아파트 리노베이션은 평생에 걸쳐
자주 경험하는 일이 아니므로 누구나 초보인 건 당연하다!
스케줄, 아파트 선택과 플래닝 시의 주의점, 자금 계획 등
성공적인 아파트 리노베이션을 위한
방법을 정리했다.

1000
TUE WED THU FRI SAT
2 3 4
8 9 10
15 16 17 18
22 23 24 25
BASIC KNOWLEDGE
1 GOOD LIVING
3 CONTENT OF EXPENSE
4 POINT AND IDEA
5 THE LATEST CATALOG
6 COMPANY GUIDE

STEP 1

제일 먼저 기억해야 할

아파트 리노베이션 스케줄

우선 아파트 리노베이션을 진행할 때의 흐름을 확인해보자.
'아파트 매입'과 '리노베이션'이라는 2가지 카테고리로 입주까지의 스케줄을 정리했다.

	START	입주 6 개월 전 (매물을 찾은 후 매입 계약을 맺기까지는 빨라도 1~2개월이 걸리는 경우가 많다.)
아파트 매입	□ 살고 싶은 지역을 검토한다 '출퇴근하기 편한 도심에 살고 싶다', '역에서 조금 멀더라도 나무가 많은 조용한 동네가 좋다'는 식으로 자신이 중요하게 생각하는 주거 환경과 라이프 스타일에 맞춰 검토할 것. 특정 지역이나 역 주변 등 조건을 설정하는 것도 매우 중요하지만, 희망사항에 다소 여유를 두면 매물을 찾을 때 선택지가 훨씬 넓어진다. →	□ 중고 매물을 찾는다 살고 싶은 지역을 정한 후에는 서둘러 매물 찾기. 인터넷이나 정보지, 신문 광고지로도 찾아보고 부동산도 방문해 폭넓게 정보를 수집한다. 부동산에는 리노베이션을 하려고 한다는 사실과 예산까지 말해 두면 조건에 맞는 매물이 나왔을 때 연락해 주거나 현지 정보를 알려주기도 한다. →
리노베이션	□ 원하는 집의 이미지를 만든다 '칸막이가 적은 개방적인 집으로', '좋아하는 북유럽 스타일의 가구가 어울리는 공간으로' 등 플랜과 인테리어에 대해 가족의 희망 사항을 모으는 것부터 시작하라. 잡지 사진을 모으거나 인터넷 등에서 이미지를 모으는 것도 효과적이다. →	□ 업체를 검토한다 업체 선정은 가능한 한 빨리 하는 것이 최고. 파트너를 먼저 정하면 매물을 찾고 자금 계획을 세울 때 상담 받을 수 있는 경우가 많기 때문이다. 리노베이션 회사에 따라서는 사내에 부동산 부서가 있어 매물 소개부터 의뢰할 수 있다(업체 선택 방법은 p.182~에서 자세히 설명한다). →

□ **매물을 사전 답사한 후 결정한다**

관심이 가는 매물이 있으면 부동산 담당자와 사전 답사를 하러 간다. p.81의 리스트를 참고하여 실내는 물론이고 바깥 주변과 관리 상황 등도 체크.

가능하면 리노베이션 담당자와 설계자도 동행하여 구조적인 제약이나 건물 상황 등을 확인하고 원하는 공사를 할 수 있는지 조언을 듣자.

□ **아파트 매입을 의뢰한다**

아파트를 정한 후에는 부동산에 매입을 의뢰한다. 부동산에 매입 희망 금액과 계약 시기, 잔금 완료 시기 등의 조건을 얘기해둔다.

부동산 담당자가 이를 바탕으로 매각자와 가격 협상을 한다. 이 단계에서는 따로 비용은 발생하지 않는다.

□ **중요 사항을 설명 듣는다**

집을 살 때 정식 매매 계약을 하기 전에 부동산에서 매물에 대해 중요한 사항을 설명해주는 절차.

이 '중요 사항 설명'은 계약과 같은 날 이루어지는 것이 일반적이지만 기재 내용이 많은 데다 말 그대로 중요한 사항이 많이 담겨 있으므로 그 자리에서 모든 것을 이해하기는 굉장히 어렵다.

가능하면 계약일과 다른 날에 설명을 듣거나 미리 사본을 받아 읽어 두는 것이 좋다.

□ **플랜을 의논한다**

아파트가 정해지면 평면과 내장, 사용하고 싶은 설비 등의 희망사항을 전달하고 플래닝을 해나간다.

대출에 리노베이션 비용이 포함되는 경우, 플랜과 견적이 구체적으로 필요하므로 플랜이 어느 정도 확실해지면 견적을 받고 예산을 조정한다.

STEP 1

SCHEDULE

입주 4 개월 전

(매입할 아파트가 정해지면 계약 시점에 맞춰 대출 신청.)

아파트 매입

□ 부동산 매매 계약을 한다

주택 대출을 이용하는 경우에는 대출이 가능한지 확인 후 매매 계약을 한다. 계약금(아파트 가격의 약 10%)과 중개 수수료 지불 등 목돈이 필요하므로 정확한 예산 예측이 필요하다.

필요한 것

· 도장
· 본인 확인 서류 (주민등록증, 주민등록 등본 등)

<주요 내역>

· 아파트 값의 10% 계약금

※ 리노베이션 회사에 따라서는 컨설팅 비용이 드는 경우도 있다.

□ 아파트 인도

<주요 지불 내역>

· 아파트값의 90%
· 등기 비용
· 중개수수료
· 세금, 관리비 등의 정산금

리노베이션

□ 설계 · 공사 계약을 체결한다

최종 플랜과 공사 견적이 확정되면 드디어 계약이다. 시공주와 시공회사가 계약서에 서명 날인하고 '공사 계약'을 체결한다.

설계자가 있는 경우에는 동시에 설계 계약을 한다. 설계료와 공사비는 보통 착공 시나 준공 시 등 여러 차례에 걸쳐 지불하게 되므로 지불 시기와 금액을 미리 확인해 두자.

<주요 지불 내역>

· 건축 설계 관리 업무 위탁료의 10~30%
· 공사 대금의 30~50%

□ 이웃에게 인사, 관리사무소에 신고

공사 기간이 짧더라도 공사 소음이나 자재 반입 시의 왕래 등 이웃에게는 적잖은 피해를 주게 된다.

공사가 시작되기 1~2주 전에 담당자와 함께 양 옆집과 아래위층의 집을 돌며 공사 내용과 기간 등을 알린다.

관리사무소에도 신고하여 엘리베이터와 공용 복도 사용에 대해 양해를 구한다.

입주 2개월 전 (착공부터 완공까지 기준은 약 2개월. 완전히 구조까지 바꾼다면 약 3개월이 걸린다.)

입주

□ 착공

공사 기간은 리노베이션 규모에 따라 다르지만, 소리가 나는 공사를 할 수 있는 시간이 제한된 경우(평일 9~17시 등)에는 평소보다 길어지는 경우도 있으므로 아파트의 규약을 확인해둔다.

또한 해체 후 수리가 필요한 부분이 발견되었을 때는 추가 공사가 발생하기도 한다. 이때의 추가 요금과 공사 기간에 대해서도 확인하여 서면으로 남겨 둔다.

<주요 지불 내역>

· 건축 설계 관리 업무 위탁료의 40~70%

□ 완성 인도

공사가 끝났다면 도면대로 완성되었는지 설계자와 시공회사가 있는 자리에서 최종 확인을 한다. 문제가 있는 부분이 있으면 공사비를 정산하기 전에 수리를 의뢰하자.

담당자의 연락처, 새로 들인 설비 기기의 사용법과 유지 보수 방법, 공사와 설비 기기 보증서, 정기 점검 시기 등의 확인도 잊지 않도록 한다.

리노베이션 회사에 제3자 검사기관의 준공 검사와 보증 제도가 있는 경우도 있다.

<주요 지불 내역>

· 건축 설계 관리 업무 위탁비의 20~30%

· 공사 대금의 50~70%

→

□ 이사 · 입주

드디어 새집으로 이사. 부동산 취득세와 매년 부과되는 재산세 등을 납부해야 하는 것도 기억하자. 입주 후에는 3개월과 1년을 기준으로 부실 시공이나 설비의 초기 불량 등을 체크한다. 의뢰처에 따라서는 애프터서비스를 받을 수 있는 경우도 있다.

<주요 지불 내역>

· 이사 비용

· 가구 구입비

· 관리비, 장기수선충당금

· 부동산 취득세(향후)

· 재산세(향후)

STEP **2**

아파트 리노베이션의 첫 관문!

아파트를 성공적으로 고르는 비결

내진성과 내구성, 자산으로서의 가치 등 아파트 선택에는 고민이 따르기 마련. 리노베이션을 전제로 아파트를 살 때 주의해야 할 포인트를 정리했다.

비결 01 아파트를 보러 갈 때 전문가와 동행하여 조언을 구하자

아파트 상태는 전문가가 아니면 판별하기 어렵다. 실내의 외형은 깨끗해도 배관이 노후화되어 모두 교체해야 하거나 벽 안이나 천장 안쪽의 단열재가 부족한 경우 등 보이지 않는 부분에 문제가 숨어있을 수도 있다. 이러한 경우, 내장과 설비 기기만 교체할 계획이었다가 바닥이나 벽을 부수고 다시 붙이는 대공사가 되기도 한다.

이런 사태를 피하려면 아파트를 보러 갈 때 리노베이션 전문가와 동행하기를 권한다. 그러기 위해서는 아파트를 산 후 의뢰처를 찾지 말고, 먼저 의뢰처를 정한 후 아파트를 찾는 단계부터 상담하면 더 효율적이다. 부동산 매매계약서를 체크해 주기도 하고 자금 계획에 대한 조언을 들을 수도 있다.

비결 02 준공 연도, 분양 & 시공사를 반드시 알아본 후 매입

아파트 내진 진단은 비용이 많이 들기 때문에 개인이 의뢰하는 것은 거의 불가능하다. 또한 내진 보강도 개인 차원에서 하는 공사는 유감스럽지만 없다.

다만 최근 들어 아파트 전체적으로 건물의 내진성을 조사하는 곳이 생기고 있으므로 관리사무소에 확인해보자.

또 하나 매물을 고르는 데 일정한 기준이 되는 것이 아파트 준공 연도이다. 내진설계가 의무화된 것은 1988년이며 (기준 규모 5.5 지진) 2005년엔 그 기준이 상향 조정되었다. (규모 6.0 지진) 또한 아파트 분양 회사나 건설을 맡은 시공사의 규모, 시공 실적 등도 조사해 두면 안심이다.

비결 03

아파트 가격만이 아니라 '언제까지 살고 싶은가'를 기준으로

오래된 아파트는 합리적인 가격이 가장 큰 매력. 특히 젊은 가족이 리노베이션을 전제로 건축한 지 40년 이상 된 아파트를 사는 경우도 많다. 하지만 일반적으로 아파트의 수명은 대략 60~70년으로 알려져 있다. 은퇴한 부부라면 '앞으로 10년을 살 수 있으면 된다'라고 생각할 수도 있지만, 30대의 가족이라면 앞으로 수십 년은 살 생각으로 아파트를 살 것이다. 그럴 경우, 생각보다 빨리 건물의 노후화 문제에 직면하게 될지도 모른다.

가까운 장래에 이사할 것을 염두에 두고 있다면 문제가 없지만 '언제까지 이곳에 살고 싶은가'를 확실히 정해 두는 것이 중요하다. 아파트 가격만 보고 덤비지 말고 장기적인 비전을 바탕으로 물건을 선택하는 것이 현명하다.

비결 04

원하는 리노베이션이 가능한지 아파트 구조 체크

아파트 리노베이션은 건물 자체의 구조에 따라 할 수 있는 공사와 할 수 없는 공사가 있다. 중고층 아파트에 많은 '라멘 구조'는 기둥과 대들보로 건물을 지탱하는 구조라서 칸막이벽을 모두 제거하는 스켈리턴 리폼도 가능하다. 반면 저층 아파트에 많은 '벽식 구조'는 벽과 바닥 등의 면으로 건물을 떠받치고 있기 때문에 집 안에 철거할 수 없는 벽이 있는 경우도 있다.

'칸막이벽을 없애고 방들을 연결하고 싶다'거나 '스켈리턴 리폼으로 평면을 모두 바꾸고 싶다'는 바람이 있다면 그런 공사를 할 수 있는 구조인지 미리 확인해두자.

또 하나 체크해야 할 것은 바닥 밑의 구조. 보통 아파트에는 바닥 밑에 배수관이 있고, 물이 흐를 수 있도록 경사가 만들어져 있다. 이 배수 경사를 확보할 수 있는 범위라면 화장실, 욕실, 부엌의 이동은 비교적 쉽다. 하지만 오래된 아파트에서 배수관이 아래층 천장 안쪽을 통과하고 있는 경우에는 이설 공사가 어려워진다. 바닥 밑 공간이 좁고 경사가 충분하지 않을 때는 실내 바닥을 한 계단 올리고 그 아래에 배관을 까는 방법도 있다.

아파트 배수관

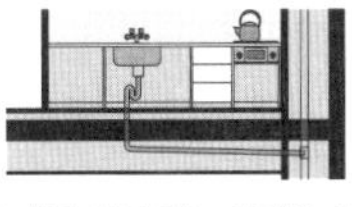

오래된 아파트는 아래층 집의 천장 안쪽에 배수관이 설치되어 있어 이동이 어려운 경우도 있다.

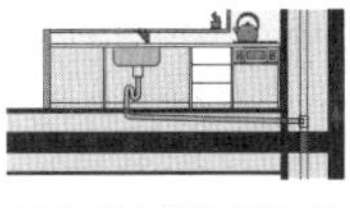

보통 배수관은 바닥 밑을 지난다. 이 공간이 넓을수록 이동이 쉽다.

대표적인 아파트 공법

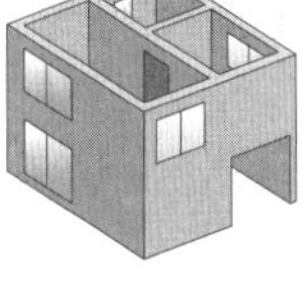

벽식 구조

벽이나 바닥 등 면으로 건물을 지탱한다. 칸막이벽이 구조체인 경우 등 플랜 변경에 제약이 따를 수도 있다.

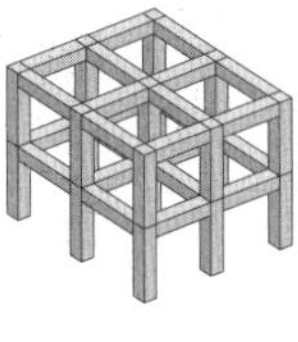

라멘 구조

기둥과 대들보를 조합해 건물을 지탱한다. 실내의 벽은 거의 이동이 가능하므로 리노베이션이 자유롭다.

비결 05 리노베이션에 영향을 주는 관리 규약도 미리 체크

구조 이외에 리노베이션 공사의 내용에 영향을 미치는 것은 아파트별로 작성되어 있는 관리 규약이다. 공용 공간 사용법이나 쓰레기 배출 규칙 등이 정해져 있고, 또한 대부분의 아파트에는 리노베이션에 관한 약정도 기재되어 있으므로 관리사무소에 미리 보여 달라고 하자.

방음을 중시하여 사용할 수 있는 내장재를 한정해 놓은 아파트도 있다. 또한 일반적으로 아파트 외관과 관련된 부분(현관문, 베란다 난간 등)에는 손을 대지 않는 것이 규칙이다.

공사를 해도 되는 요일이나 시간대에 대해서도 미리 확인하자. 제약이 심한 아파트의 경우에는 공사 기간이 많이 길어지기도 한다.

비결 06 급탕기나 전기 용량, 에어컨 구멍 등 생활과 관련된 부분도 확인

오래된 아파트는 급탕기 성능이 16호(1분에 25도 이상의 물이 16리터 나옴 - 옮긴이) 정도이거나 전기 용량이 30암페어 정도인 경우도 있다. 요즘 생활에 맞추기 위해서는 설비를 교체해야 하므로 미리 체크하고 이를 위한 예산도 준비한다.

부엌과 욕실에서 동시에 뜨거운 물을 사용할 경우, 급탕기 용량은 최소 20호는 되어야한다. 식기세척기나 IH 조리기 등 사용 전기량이 많은 전자제품을 설치하는 경우에는 그에 맞는 암페어 수로 다시 계약(오래된 아파트는 30암페어 이상으로 변경할 수 없는 경우도 있음) 하며 그 외에 단독 전기 회로가 필요하므로 분전반에 예비 차단기가 있는지도 조사해 두자.

에어컨 설치와 관련된 조건도 입주 후 생활에 크게 영향을 미친다. 에어컨을 설치하려면 벽면에 전용 구멍이 있어야 하고 실외기를 놓을 공간도 확보해야 한다. 벽면에 구멍이 뚫려 있는지, 실외기는 어디에 설치하면 좋을지, 관리사무소에 미리 확인해 두자.

아파트 보러 갈 때 체크 포인트

아파트가 어느 정도 노후화되어 있는지, 관리가 잘 되어 있는지 등을 판단하기 위한 체크 항목을 만들었다. 전문가의 조언을 들으면서 함께 보는 것이 가장 좋지만 직접 눈으로 보고 확인하는 것도 중요하다.

베란다, 테라스, 현관 포치

- □ 외벽재의 균열, 벗겨짐, 물기 얼룩, 변색
- □ 실링재의 균열, 벗겨짐
- □ 바닥재의 균열, 벗겨짐, 기울어짐
- □ 배수구의 녹, 어긋남, 이물질의 막힘
- □ 난간의 부식
- □ 유리창의 균열
- □ 홈통의 변형, 파손, 어긋남, 변색
- □ 배관 · 배선 부분의 틈새
- □ 계기 상자(meter box) 등의 결손, 녹

실내 마감

- □ 벽 · 기둥 · 대들보 표면의 벗겨짐(습기에 의한 것인지 확인), 균열, 부식, 곰팡이, 물기 얼룩
- □ 바닥재의 균열, 벗겨짐, 부식, 곰팡이, 바닥의 삐걱거리는 소리, 침하
- □ 천장의 균열, 부식, 곰팡이, 물기 얼룩, 천장 안쪽(욕실에 점검구가 있는 경우)
- □ 콘크리트 표면의 균열, 누수, 곰팡이

수도 설비

- □ 급수관의 재질
- □ 급수의 수량 부족, 물의 변색
- □ 급탕기의 누수 자국
- □ 배수관 막힘, 배수 불량, 누수
- □ 환풍기의 환기량 부족, 동작 불량, 이상한 소리, 환기관 파손
- □ 화재 경보기가 있는지 확인

기타

- □ 리노베이션의 용이성(건물 구조, 바닥의 공법, 천장의 공법, 배수관 위치)
- □ 방범 대책(현관문의 자물쇠 수, 창문의 자물쇠 사양, 유리의 사양)
- □ 안전 대책(추락 우려가 있는 창의 난간)
- □ 창의 단열성
- □ 에어컨 설치가 가능한가
- □ 전기 용량
- □ 차단기가 자주 내려가지 않는가(분전반의 회로 분류, 에어컨 전용 회로가 있는가)
- □ 엘리베이터, 현관 홀, 쓰레기 집적장, 주차장 · 자전거 보관소 등의 청결함

STEP 3

입주 후에 후회하지 않으려면

아파트 매매 후 생길 수 있는 문제 예방법

아파트 선택을 도와주는 '사쿠라 사무소'가 실제로 맡았던 상담 사례를 몇 가지 뽑았다. 문제를 미리 방지하기 위해 주의해야 할 포인트도 함께 소개한다.

Case 01

대출금 상환도 힘든데 입주 직후에 수선 적립금이 올랐다!

▼

마지막 수선 공사를 한 것이 언제인지 관리사무소에 이력을 확인하라

아파트 관리비와 수선 적립금이 얼마인지는 아파트 매입 전에 대부분 확인한다. 하지만 지금까지의 수선 이력은 간과하기 쉽다. 아파트는 10여 년마다 건물 바깥에 비계를 설치하여 외벽 보수 공사와 방수 공사 등의 대규모 수선을 한다. 그런데 마지막 수선 공사를 한 지 오래되었다면 가까운 시일 내에 공사를 하게 되니 수선 적립금이 오르거나 많은 금액의 일시금이 필요한 경우가 있다.

수리비 문제뿐만 아니라 정기적으로 유지 보수가 이루어지고 있는지는 아파트 매입 시 중요한 판단 사항이다. 얼마나 자주, 어떤 수선을 하고 있는지에 따라 건물의 내구성과 거주의 편리함이 크게 좌우되기 때문이다. 언젠가 매각할 예정이라면 자산 가치에도 큰 영향을 미친다. 수선 이력에 관한 서류를 관리사무소에 보여 달라고 하거나 전문가에게 의뢰하여 외벽과 공용 공간의 상태를 확인받는 것도 중요하다.

Case 02

입주 후에 곰팡이나 결로가 발생! 리노베이션 할 때 대책을 세웠으면 좋았을 걸…

▼

건물의 약점이나 결점을 미리 알기 위해서는 '현 상태로 매물을 인도'하는 것이 유리

연식이 오래된 아파트의 경우에 대부분은 수리가 되어있는 상태다. 겉보기에는 좋아 보일 수도 있지만 해당 건물의 약점이 보이지 않는다는 단점이 있다.

반대로 한번도 수리하지 않은 아파트는 내장과 설비가 낡아서 막상 보러 갔을 때 인상은 좋지 않을 수 있다. 그러나 실내의 손상 상태가 그대로 보이므로 그 건물의 약점을 파악할 수 있는 단서가 된다.

이를테면 습기가 잘 차는 아파트의 경우, 새 벽지를 발라놓았다면 습기 문제를 파악하기가 어렵다. 하지만 수리하지 않은 매물이라면 벽에 결로나 곰팡이 자국이 남아 있을 것이다. 그것을 보면 어디에 어떤 손상이 나타날지 예측할 수 있으므로 습기 방지 효과가 있는 내장재를 사용하는 등 리노베이션 할 때 예방책을 세울 수 있다.

Case 03

주민 간 트러블이나 소음 문제 등 이사한 후 골칫거리가 끊이지 않는다.

▼

공용 공간이나 게시판을 통해 아파트 전체의 분위기를 파악하라

리노베이션을 통해 개선할 수는 없지만, 거주의 안락함에 큰 영향을 미치는 것이 같은 아파트에 사는 사람들과의 관계다. 실제로 입주해 보지 않으면 파악하기 어렵지만 아파트를 보러 갈 때 최대한 단서를 모아야 한다.

이때, 공용 공간의 상태를 보면 참고가 된다. 쓰레기장이나 주차장 · 자전거 보관 공간, 입구와 엘리베이터, 공용 복도 등의 사용법(규칙이 지켜지고 있는지, 쓰레기가 방치되어 있거나 낙서가 있는지 등)을 보면 해당 아파트 거주자의 성향을 대충 알 수 있다.

입구에 있는 게시판도 잊지 말고 확인할 것. 관리사무소의 공지 사항이나 이사회 의사록 등이 게시되어 있어 관리 정도를 알 수 있는 힌트가 된다. 소음 등의 불만이나 주민 트러블에 관한 공고문이 없는지도 확인하자. 아파트 주민과 마주치면 인사를 하거나 말을 걸어 사는 곳에 관해 물어보는 것도 추천한다.

Case 04

대담하게 리노베이션을 했더니 이후 매매가 쉽지 않았다.

▼

원하는 대로 리노베이션 하는 것이 최우선이지만 자산 가치에 영향을 준다는 것도 잊지 말 것

이제 막 아파트를 매입한 사람이 처분할 때의 일을 생각하지 않는 것은 어쩌면 자연스러운 일이다. 리노베이션할 때는 원하는 플랜을 반영하는 게 당연하지만, 만약 나중에 이사할 가능성이 있다면 팔 때의 일도 생각해 두어야 한다.

사려는 사람이 가장 많고 매매가도 잘 유지할 수 있는 것은 역시 2LDK와 3LDK의 보편적인 패밀리형 평면이다. 욕실 이외의 공간을 원룸으로 바꾸는 등 특수한 플랜은 매매하기가 쉽지 않다.

또한 아파트의 자산 가치를 좌우하는 것은 편리성이다. 도시의 경우, 지하철 역에서 너무 멀거나 교통이 불편한 아파트는 팔 때도 원하는 가격으로 팔기 어렵거나 구매자가 쉽게 나타나지 않을 수 있다.

물론 지금 감당할 수 있는 가격이라는 점이 중요하지만, 나이가 든 후까지 고려하면 '역에서 도보 20분' 이상 걸리는 아파트는 한 번 더 생각해봐야 한다.

STEP 4

비용의 균형을 잡는 것이 포인트!

플랜과 예산에 대한 개념

리노베이션을 결정한 후에는 플랜에 대해 꼼꼼하게 검토해야 한다. 한정된 예산 안에서 이상적인 집을 만들기 위한 포인트가 무엇인지 알아보자.

원목 나라재 바닥, 밝은 하늘색 벽, 타일과 스위치 등 세부적인 것까지 세심하게 신경 썼다. (N 씨의 집)
설계 & 사진 제공 : 스타일 공방 (p.84~90의 사진 전부)

POINT.1 업체에 리노베이션 예산을 정확하게 이야기한다

리노베이션 회사 등 설계자와 협의가 시작되면 현재의 생활이나 새집에 원하는 것을 말하고, 준비할 수 있는 예산을 반드시 알려준다. 설계자는 가족마다 다른 라이프 스타일과 요구 사항을 반영하여 정해진 예산을 최대한 활용할 수 있도록 플랜을 구상한다. 그러므로 협의 시에는 '정말 준비할 수 있는 예산'을 말해야 한다. 실제로는 500만 엔의 자금이 있으면서 '분명 도중에 부족해질 테니'라는 생각에 설계자에게는 400만 엔이 있다고 말하는 경우가 있다. 혹은 예산 500만 엔으로 플랜을 추진하고 있었는데 실제로는 가구까지 포함한 금액이어서 공사에 사용할 수 있는 돈은 400만 엔이었던 경우도 있다. 양쪽 모두 처음부터 그 예산으로 시작한 것과는 다른 플랜이 되어 버리고, 원래 하고 싶었던 것을 하지 못할 가능성도 있다.

집의 플랜은 다양한 요소를 종합하여 그 안에서 균형을 잡으며 만들어나가는 것이다. 처음부터 요구 사항과 예산을 정확히 말하는 것이 최고의 플랜을 얻을 수 있는 지름길이다.

아파트 리노베이션으로 '할 수 있는 일'

소유주라도 손을 댈 수 없는 '공용 부분'이 있다.
리노베이션으로 할 수 있는 공사와 할 수 없는 공사를 정리했다.

천장

○ 구조체의 안쪽 리노베이션은 자유이므로 내장은 변경할 수 있다.

△ 천장 안쪽에 공간이 있으면 내장을 벗겨내고 찬장 높이를 높일 수 있다.

칸막이벽

○ 벽지 등 내장은 변경할 수 있다.

△ 실내의 벽은 철거와 이동을 할 수 있다. 단 구조벽이면 철거할 수 없다.

베란다 발코니

○ 바닥이나 외벽에 고정하지 않으며 긴급 시 대피에 방해가 되지 않는 것은 설치할 수 있다(데크재 등)

× 펜스와 난간은 손댈 수 없는 경우가 많다.

현관문

○ 문 안쪽의 도장이나 자물쇠 교환은 가능하다.

× 문 자체는 교환할 수 없는 경우가 많다.

전기 배선

○ 콘센트와 조명 기구의 이설과 증설은 할 수 있다.

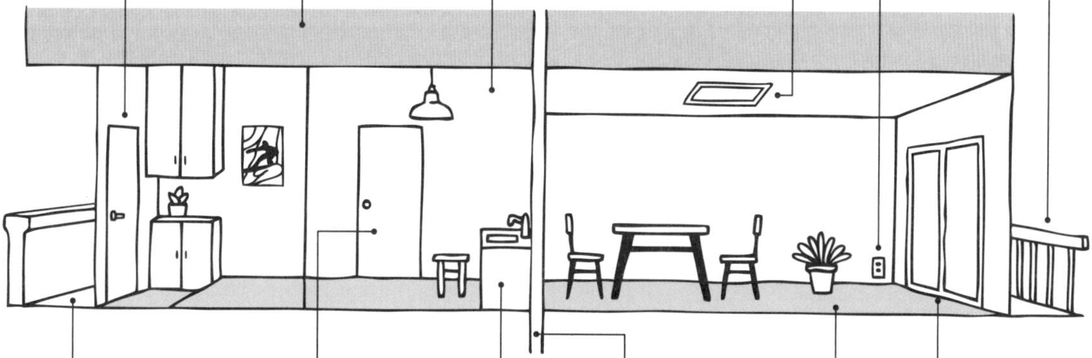

파이프 공간

× 아래 위층과 공용이므로 이동할 수 없다.

새시

○ 내창을 달아 이중 새시로 만들 수 있다.

△ 새시를 통째로 교환할 수 없는 아파트도 있다. 관리 규약에 따라서는 유리 부분만 교환할 수 있는 경우도 있다.

실내문 · 창호

○ 실내문과 수납문 등은 교환할 수 있다.

급배수 설비

○ * 부엌, 욕실, 화장실의 설비는 자유롭게 변경할 수 있다.
* 부엌, 욕실 이전은 가능.
* 배수 경사를 만들 수 있는 범위라면 배수관 이동도 가능하다.

△ 화장실 배수관은 약간이라면 이동할 수 있다.

알코브 · 포치 · 복도

× 공용 부분이므로 손댈 수 없다.

바닥

△ 관리 규약에 적합하다면 변경할 수 있다.

원목 바닥과 규조토 벽 등 자연 소재의 내장재를 고집해 내추럴한 공간을 만들었다. (N 씨의 집)

POINT.2 예산에 관계없이 원하는 것은 모두 말한다

설계자와 협의할 때는 리노베이션하고 싶은 모든 것을 말하라. '이 예산으로는 분명 힘들 거야'라며 미리 포기해버리는 경우도 있는데, 앞서 이야기한 것처럼 플랜은 다양한 요소의 균형을 통해 결정된다. 모든 요구사항을 꺼내 놓고 전문가와 함께 우선 순위를 고려해 취사 선택해 나가면 된다.

요구사항을 말할 때는 '왜 그렇게 하고 싶은가' 이유도 말하라. 예산상 어려울 수 있어도 다른 접근법으로 실현할 수 있기 때문이다. 이를테면 스켈리턴 리폼으로 평면을 바꾸지 않더라도 마음속에 그리던 생활을 할 수 있고, 비슷한 내장재로 이미지를 실현할 수 있다. '대면 부엌을 만들고 싶다'는 바람은 '대면'에 있는 것이 아니라 '주방에 있는 가족과 소통을 하고 싶다'는 것일 때가 많다. '왜 그러고 싶은지' 본래의 목적을 분명히 하면 플랜의 가능성이 훨씬 유연해진다.

•스켈리턴 리폼 : 벽, 천장, 바닥 및 배관까지 모두 제거한 후 전면 리노베이션 하는 방식.

허리벽은 미술관에서 영감을 얻은 응회석. 천장을 높이고 콘크리트 노출로. (T 씨의 집)

POINT.3 나중에 바꾸기 어려운 것부터 먼저 바꾼다

한정된 예산 안에서 원하는 것에 우선 순위를 매길 때는 나중에 하면 어려운 공사, 거주하면서 하기 힘든 공사를 먼저 하라. 화장실, 욕실, 부엌의 수도 시설을 이동하거나, 칸막이벽을 허물어 평면을 바꾸거나, 내벽을 허물어 단열재나 방음재를 넣는 등의 규모가 큰 공사가 최우선이다. 바닥재 교체도 나중에 하려면 큰 공사인 데다 가구와 물건 옮기기도 힘들다. 처음부터 확실하게 예산에 넣고 원하는 건축 자재를 고르는 것이 현명하다.

반면 화장실이나 세면대, 부엌 등의 설비 기기 교체는 나중에 비교적 간단히 할 수 있다. 살면서 공사를 해도 며칠이면 된다. 그리고 예산이 초과됐다면 품질을 재검토해 보는 것도 하나의 방법이다. 벽도 바닥에 비하면 공사가 쉬우므로 처음에는 적당한 벽지를 발랐다가 경제적으로 여유가 생기면 원하는 미장 마감을 하는 방법도 있다. 붙박이 수납장도 비용이 많이 드니 당분간 적당한 가구를 쓰다가 나중에 마음에 드는 디자인으로 주문해도 된다.

동남향의 끝집에 위치한 볕이 잘 드는 아파트. 인접한 서재에도 볕이 잘 들도록 칸막이벽에 실내창을 설치했다. (I 씨의 집)

POINT.4 생활의 편안함과 관련된 부분은 비용을 아끼지 않는다

냉난방이나 채광 같은 집의 기본 성능에는 비용을 충분히 써야 한다. 내장이나 인테리어를 아무리 멋지게 꾸며도 편안하게 살 수 없다면 의미가 없다. 특히 건축연수가 오래된 아파트는 단열성 외에 채광이나 통풍, 결로 대책, 방음 대책 등에 예산을 확실하게 할애하는 게 좋다.

단열성이 낮은 아파트나 통풍이 잘 되지 않는 아파트는 냉난방 비용이 늘어난다. 결로로 건물이 손상되고, 최악의 경우 곰팡이가 생겨 가족의 건강을 해칠 수도 있다. 단열재 추가나 방과 방 사이에 실내창을 설치하는 플랜 등을 검토하자.

실내창은 자연광이 닿지 않는 방을 환하게 만드는 데에도 효과적. 건물을 지탱하는 구조벽에는 설치할 수 없다.

POINT.5 어느 정도 수리된 아파트라면 일단은 살아보는 것도 괜찮다

보통 오래된 아파트는 이미 설비를 교체하거나 수리를 한 아파트가 많다. 원하는 취향이 아니어도 즉시 입주할 수 있으므로 '한 번도 쓰지 않고 부수는 것은 아깝다'라고 느끼는 사람도 많을 것이다.

그럴 때는 아파트를 사서 바로 리노베이션할 것이 아니라 그대로 한번 살아보는 것을 검토하기 바란다. 1~2년이라도 실제로 살아보면 '이 동선은 불편하니 바꿨으면 좋겠다', '이 방은 통풍이 잘 되면 좋겠다'라는 포인트를 알게 되고 그것을 리노베이션 플랜에 반영할 수 있다. 불만족스러운 점을 개선할 수 있다면 완성 후 집의 기능성과 만족도가 높아진다. 물론 입주하기 전에 공사하면 이사를 한 번만 하면 되고 임시 거처를 구할 필요도 없으므로 어느 쪽을 택할지는 생각하기 나름이다. 리노베이션 계획 전에 꼭 검토해 보기 바란다.

POINT.6　남길 수 있는 것은 없는지 잘 살펴본다

처음부터 새로 짓는 신축 건물과 달리 리노베이션을 할 때는 기본이 되는 구조(방, 주방, 화장실 등)가 이미 있는 상태이므로 그 장점과 가능성을 살리는 것도 비용을 현명하게 줄이는 비결이다. 모든 것을 허물어 새로 만들지 말고 쓸 수 있는 것은 재활용하기 바란다.

이를테면 전체 리노베이션을 고집하지 말고 방을 하나든 둘이든 그대로 남겨 두면 공사 비용을 크게 줄일 수 있다. 그래도 꼭 손을 대고 싶다면 내장만 좋아하는 스타일로 바꾸어 보는 건 어떨까?

벽 한 면에 무늬를 활용한 악센트 벽지를 바르면 방의 분위기를 완전히 바꿀 수 있다. 그 밖에도 창이나 문은 교체 비용이 의외로 비싸니 문을 그대로 사용하는 것이 좋은데, 페인트를 새로 칠하거나 손잡이만 교체해도 느낌을 바꿀 수 있고 비용도 줄일 수 있다.

기존의 짙은 갈색 바닥재를 살리고 그레이 벽지와 칠판 도료로 변화를 주었다. (A 씨의 집)

세면대를 제작하는 방법도 있다. 심플한 카운터를 목공 공사로 만들고 수납은 바구니를 활용 (N 씨의 집)

POINT.7 설비는 특정 업체를 고집하지 않으면 비용을 줄일 수 있다

비용에 많은 영향을 주는 것이 부엌과 시스템 욕실(system bath), 화장실 등의 설비 기기 선택이다. 특별히 고집하는 디자인이나 기능이 없는 경우, 비용을 줄이고 싶다면 시공회사가 추천하는 설비를 고르는 것이 최선.

시공회사에는 각자 거래하는 제조업체가 있고 그 업체 상품은 매입가가 낮게 책정되어 있으므로 결과적으로 저렴하게 살 수 있다.

설비를 직접 저렴하게 사는 방법도 있다. 단 상품이 제대로 도착했는지, 설치에 필요한 부품이 갖추어져 있는지 등을 체크하는 것이 중요하다. 발주 오류로 공사 기간이 늦어지지 않도록 신경써야 한다.

POINT.8 DIY로 시공비를 낮추는 것도 선택지 중 하나

내장 마감 등을 직접 하면 효과적으로 비용을 줄일 수 있다. 도구비와 재료비가 들지만 작업비(전문가의 인건비)를 줄일 수 있다. 가능하면 건축 자재 업체의 체험 교실 등에 참가해 실제로 소재를 다뤄본 후 도전하면 좋을 것이다. 집에 대한 애착도 커지고 좋은 추억이 될 것이다.

초보자도 비교적 쉽게 할 수 있는 것은 벽이나 창호 등의 페인트칠. 집을 매입한 후 가족끼리 천천히 작업을 즐기는 사람이 많다. 난이도가 높은 규조토 칠이나 타일 시공에 도전하는 사람도 있다. 어떤 경우든 벽면의 기초 조정은 초보자에게 어려운 일이므로 전문가에게 맡기는 것이 안심이다. 선반 설치나 간단한 TV 받침대 제작 등도 부담 없이 도전할 수 있는 DIY. 리노베이션 파트너나 시공사 전문가와 상의하면 도움이 되는 조언을 해 줄 것이다.

예산별 공사 내용의 기준

어떤 공사를 하면 어느 정도의 비용이 드는지 짐작하기 어려운 사람도 많을 것이다. 대략적인 금액으로 가능한 공사 내용을 살펴보았다.

예산 100만 엔

리스트 중 하나

- □ 천장 · 벽의 도배지 교체
- □ 천장 도배지 교체 + 조명 기구 교환
- □ 시스템 키친 교체 (제품에 따라 다름)
- □ 시스템 욕실 교체 (제품에 따라 다름)
- □ 변기 & 세면대 교체
- □ 수납장 등의 붙박이 가구(1~2군데)

예산 300만 엔

리스트 중 하나

- □ 욕실 · 화장실 · 부엌의 설비 교체
- □ 도배지 교체 + 바닥 교체
- □ LD 내장을 새롭게 + 수납장 등의 간단한 제작(한 군데 정도)
- □ 칸막이벽을 철거하고 LD 넓히기 + 바닥 덧방 공사

예산 500만 엔

- □ 욕실 · 화장실 · 부엌의 설비 교체 + LD 내장을 새롭게 (바닥 교체 포함)

예산 800만 엔

리스트 중 하나

- □ 모든 방의 내장을 새롭게(수납장 제작, 문 교환 등을 포함하지 않음) + 욕실 · 화장실 ·부엌의 설비 교체
- □ 방을 1~2개 남긴 평면 변경 + 변경하는 방의 내장을 새롭게(바닥의 방음 바탕재를 남기고 바닥 교체) + 욕실 · 화장실 · 부엌의 설비 교체

예산 1,000만 엔

- □ 이용할 수 있는 바탕재를 활용한 전면 리노베이션

예산 1,500만 엔

- □ 완전한 스켈리턴 리노베이션

STEP 5

아파트를 리노베이션하는 사람이 늘어나는 중!

인기 있는 플랜 & 소재와 주의점

OPEN KITCHEN

오픈 키친

커뮤니케이션 시간이 늘어난다

LD와 하나의 공간을 이루는 오픈 키친은 집안일을 하면서 가족과 접촉할 수 있어 인기가 많다. 홈 파티를 즐기기 위해 계획하는 사람도 많다. 반면에 항상 정돈된 상태를 유지하는 것이 힘들다는 사람도 있다. 소리와 냄새가 쉽게 전달되는 점도 생각해 볼 부분이다.

PANTRY

팬트리

식기 및 식재료 등을 넉넉히 수납 가능

오픈 키친의 인기와 함께 부엌을 깔끔하게 유지할 수 있다는 이유로 팬트리를 설치하는 사람이 증가. 식기나 식재료 외에 가전제품이나 냉장고까지 수납하는 플랜도 가능. 물건을 꺼내기 쉽고 통기성이 높은 것도 큰 장점. 먼지가 쌓이기 쉬우니 어떻게 관리할 것인지 고민할 지점.

아파트 리노베이션을 할 때 친숙하고 인기 있는 소재와
마감재, 플랜을 골라보았다.
생활에 미치는 효과와 주의해야 할 포인트를 소개한다.

설계 & 이미지 제공 / LOHAS studio

WINDOW

실내창

가족의 인기척을 느낄 수 있어 매력

채광과 통풍이 좋아지고 다른 방에 있어도 가족의 인기척을 느낄 수 있다. 철제 등의 소재나 디자인에 신경 쓴다면 인테리어의 악센트가 된다. 벽면이 줄어들기 때문에 가구의 배치를 고려한 후 계획할 것. 구조벽에는 설치할 수 없다.

DIRT FLOOR

봉당 공간

취미 장소나 수납 공간으로 인기 급상승

현관을 넓은 봉당으로 만드는 등 일반적인 집에서는 거의 볼 수 없는 플랜이지만 리노베이션을 통해 실현하는 사람이 늘어나고 있다. DIY와 자전거, 캠핑 등의 취미가 있는 사람들에게 특히 인기. 거실 면적이 줄어들고 겨울철에 추울 수 있다는 것은 미리 알고 검토하자.

BLACKBOARD

칠판 도장 마감

즐거운 낙서가 인테리어가 된다!

전용 도료로 마감하면 분필로 쓸 수 있는 칠판 벽을 만들 수 있다. 특히 아이들이 있는 집이나 카페풍 인테리어를 원하는 사람에게 인기. 단점은 분필 가루 때문에 주변이 지저분해지기 쉽다는 것 정도. 다른 소재를 추가하면 자석도 붙일 수 있다.

TILE

타일 마감

다양한 색과 모양 중에서 고르는 재미가 있다

타일의 매력은 색상과 디자인이 풍부하다는 것. 자신의 취향을 쉽게 반영할 수 있고, 선택하기에 따라 다양한 스타일을 표현할 수 있다. 줄눈이 지저분해지는 것이 걱정된다면 오염 방지 · 곰팡이 방지 효과가 있는 줄눈 소재를 고르면 OK. 미장 마감이므로 시공비가 올라간다는 점에 주의할 것.

ACCENT WALL

악센트 벽

색이나 소재를 즐길 수 있다

한 면만 다르게 마감한 벽을 말한다. 공간 전체에 악센트를 주는 역할을 한다. 벽의 한 면에만 적용하므로 시도하기 쉽고 나중에 다시 칠하거나 다시 도배하는 것도 비교적 간단. 단 마감재의 종류가 늘어나므로 시공비가 비싸진다.

CONCRETE

콘크리트 노출

인기 있는 인더스트리얼 스타일

아파트 리노베이션을 할 때 벽지나 바탕재 보드를 벗겨내고 벽이나 천장의 콘크리트를 노출시키면 요즘 인기 있는 인더스트리얼계 인테리어 스타일의 공간을 만들 수 있다. 콘크리트의 색이나 질감이 무거우므로 밝은 분위기를 만들고 싶다면 부적합하다.

DUCT RAIL

덕트 레일 조명

직선 디자인을 인테리어에 적용

배선용 덕트를 그대로 보여주는 사양으로 이것도 인더스트리얼 스타일 인테리어에 적합. 금속의 질감과 직선 디자인으로 쿨한 분위기를 연출할 수 있다. 여러 개의 조명 기구를 켜면 그만큼 먼지가 쌓이기 쉬우므로 부지런히 청소해야 한다.

SKELETON CEILING

스켈리턴 천장

개방감이 생겨 공간이 넓게 느껴진다

천장의 판자를 뜯어내 구조체와 배관을 노출시키는 테크닉. 천장이 높아지는 만큼 방이 넓게 느껴진다. 단점은 단열성과 방음 성능이 떨어진다는 것. 특히 아파트 맨 위층 집이라면 더위 · 추위가 더 문제가 된다.

SOLID WOOD FLOOR

원목 바닥재

원목 종류에 따라 독특한 느낌을 준다

원목재 질감을 좋아하는 사람이 많아지고 있다. 신축 아파트 바닥은 합판 플로어링이 일반적이다. 하지만 리노베이션을 한다면 파인재나 오크재 등 좋아하는 수종으로 마감할 수 있다. 온도 및 습도 변화로 휘거나 갈라질 우려가 있다는 점, 왁스 등으로 손질해야 한다는 점을 미리 알고 선택하자.

HERRINGBONE FLOOR

헤링본 시공

클래식한 느낌으로 공간의 악센트 주기

목재를 '삼나무 잎' 모양으로 시공하는 방법으로, 독특한 클래식 분위기를 내는 것이 특징이다. 바닥뿐만 아니라 악센트 벽으로 벽면에 사용하는 경우도 있다. 일반적인 플로어링에 비해 재료 손실이 많고 시공비가 많이 든다.

Chapter

3

아파트 리노베이션 상세 비용 알아보기

아파트 리노베이션에는 어떤 비용이 필요할까?
여러 가지 공사를 하면 비용은 얼마나 들까?
직접 자택을 리노베이션하고 관련 일을 하고 있는
작가 2인의 경험을 통해 리얼한 비용을 알아보자.

※ 게재한 비용은 기준치로, 조건에 따라 금액은 달라진다.
같은 금액으로 같은 공사가 가능하다는 보장은 없다.

DINING & KITCHEN

폐쇄된 느낌이던 독립형 부엌을 벽 쪽으로 붙인 I형 부엌과 아일랜드 카운터를 조합한 오픈 키친으로 변신. 몰텍스(mortex)의 그레이에 돋보이도록 인테리어는 일부러 검은색을 사용했다. 카프(karf)의 테이블은 원래 가지고 있던 것. 파네트 체어(Fanett chair)(좌)와 세븐 체어(우)를 함께 놓았다.

부엌은 손대지 않을 생각이었는데 설계사님 제안에 첫눈에 반해버렸어요. 예산은 늘어났지만 정말 마음에 드는 공간이 되었죠.

Data

가족 구성 : 부부
건축연수 : 약 20년
리노베이션 면적 : 약 43㎡
리노베이션 부분 : 침실, 욕실, 화장실 이외
공사 기간 : 2017년 8월 ~ 10월

Profile

출판사에 근무하다 현재는 프리랜서로 활동 중인 S(46세)와 고교 동창인 남편(46세)이 함께 산다. 공동 취미는 탁구와 파이낸셜 플래너 자격증 취득을 위한 공부.

Renovation Cost

6,804,000엔

갑자기 찾아온 리노베이션 기회
비용은 '여유 자금' 범위 안에서 해결

주택 & 인테리어 분야의 편집자이자 작가로 일하면서 지금까지 많은 집을 취재하러 다녔다. 신축 단독 주택, 원룸 아파트, 주말 하우스 등 유형도 다양했다. 그런데 아파트를 리노베이션한 집을 취재할 때면 나도 모르게 열을 내며 테마와 관계 없는 것까지 질문하곤 했다. 그건 내가 아파트에 살고 있고, 오래전부터 리노베이션을 하고 싶었기 때문이다.

그런데 그 기회가 갑자기 찾아왔다. 나는 지방에 사시는 부모님께서 노후를 위해 도쿄에 사둔 소형 아파트에 살고 있었다. 오랫동안 부모님께 집세를 내며 살고 있었는데 소유주였던 아버지가 2016년에 갑자기 돌아가셨다.

일반적으로는 어머니가 상속을 받지만 여러 가지 사정으로 딸인 내가 상속을 받게 되었다. "아버지, 고마워요!" 아버지의 사랑을 느끼며 나는 점찍어둔 리노베이션 회사와 약속을 잡았다.

1. 오픈 키친을 만드니 갑자기 요리가 재미있어졌다!
2. '이런 느낌이 좋아'라고 생각되면 뭐든 스크랩. 미팅 때 '룰 북(rulebook)'으로 활용.

좋아하는 우리집 풍경. 오픈 선반에는 취재차 머물렀던 영국과 발리의 물건들을.

널찍한 LD와 원목 바닥재가 꿈

리노베이션 회사는 사실 큰 고민 없이 정했다. 취재하면서 '공사 규모에 비해 공사비가 양심적이군', '젊은 부부의 세련된 아파트도, 노인층의 배리어 프리 아파트도 취급하니 만능이군'이라고 생각하던 회사가 있었다.

실제로 이야기해 보고 결정하면 된다는 생각에 우선 첫 상담을 했다. 미팅 장소에 갔더니 과거 내가 진행했던 리노베이션 관련 책들이 진열되어 있어서 조금 기뻤던 기억이 난다.

첫 상담에서 가장 강조한 것은 '효율적으로 활용하지 못하고 있는 LD 옆 방을 헐어 넓은 LD로 만들고 싶다'는 것. 3평 크기 방을 창고 겸 옷 갈아입는 방으로만 쓰고 있어 아까웠다. '디자인과 기능성이 별로인 세면대와 신발장을 다시 만들고 싶다', '바닥에 원목재를 쓰고 싶다'. 이 2가지는 수많은 집을 방문하면서 그 매력을 생생하게 느꼈기에 우리집에도 꼭 적용하고 싶었던 부분이다. 사전 질문지에는 예산을 기입하는 란이 있어 고민하며 '450만 엔~'이라고 적은 후 첫 리노베이션 회사 방문을 마쳤다.

1. 손대지 않은 침실(왼쪽)과 화장실(중앙)은 문도 그대로. 이것이 비용을 줄이는 데 도움이 되었다. 2. 2개월 반 임시로 살았던 UR 아파트. 짧은 기간에 2번 이사하느라 힘들었다.

예산 인상을 받아들일 수밖에 없는 감격적인 퍼스트 플랜

방의 치수를 재는 '현장 조사'를 거쳐 3주 후 드디어 '제안서'(퍼스트 플랜)를 받아보는 미팅을 했다. 기대감에 가슴이 두근대면서도 만일 마음에 들지 않아 거절하게 되면 관계가 거북해질까 봐 걱정이었다(여기까지는 돈을 전혀 지불하지 않았다).

'제안서'를 열자 지금의 우리집과는 전혀 다른 부드러운 느낌의 평면도와 투시도가 나타났다. '멋있다!', '생활이 즐겁겠다!', '기능적이다!' 이런 긍정적인 생각이 들었고 마음을 빼앗겨버렸다. 첫 상담에서 "부엌은 그대로 괜찮다"라고 했지만 "남편과 둘이 요리하기 때문에 좁기는 해요"라고 했던 말을 흘려듣지 않고 팬트리가 있는 오픈 키친 플랜을 제안해주어 기뻤다.

견적 금액은 600만 엔(세금 별도)이 나왔다. 그럴 만도 했다(웃음) '450만 엔~'보다는 대폭 상승했지만 '~'에 담긴 메시지(플랜에 따라 늘어날 수 있음)를 알아채고!? 최적의 플랜을 짜 준 것에 정말 감사했다.

감사하게도 아파트를 물려받아 리노베이션 공사비만 쓰면 되므로 그만큼 예산을 더 많이 할애할 수 있었다. 대출을 받거나 정기예금을 해약하는 것은 다가올 노후를 위해 하지 않기로 했다.

플랜을 완성해가면서 예산이 조금 올라가게 됐지만 '여유 자금(당분간 쓸 예정이 없는 돈)의 범위 안에서'라는 원칙을 끝까지 사수했다. 꼭 하고 싶었던 원목 바닥재는 면적이 넓고 직접 피부에 닿는 부분이라 최고 등급을 선택했지만, 특별히 원하는 것이 없었던 벽은 저렴한 벽지로. 그런 융통성이 우리집 리노베이션을 성공으로 이끈 요인이 아닐까 생각한다.

LDK

'쓰지 않는 방'이 LDK 생활공간으로 다시 태어났다. 소파는 액터스(ACTUS)가 취급하는 아일러센(eilersen), 커피 테이블은 칸디 하우스(CONDE HOUSE), TV 보드는 나가노의 가구 공방 HUMP에 주문한 것.

DINING & KITCHEN

1 '클린업'의 시스템 키친

생각지도 않았는데 부엌을 새로 하게 되었다. '이 금액이라면 하겠다' 싶은 할인 가격이라 당장 결정. 거주 공간에 이질감이 느껴지지 않도록 주변 공간과 어울리는 나뭇결 느낌의 제품을 제안해주었다. 상판은 스테인리스 제품.

약 39만 7000엔

(설치 공사비 등은 제외)

2 파나소닉의 빌트인 식기세척기

리노베이션 전부터 일반 식기세척기를 애용해왔다. 저녁 식사 후 바로 휴식 타임을 가질 수 있는 생활에 익숙해지면 식기세척기 없는 삶은 생각할 수 없다. 리노베이션을 하면서 외관이 깔끔한 빌트인으로 설치했고 용량도 늘어나 기쁘다.

시스템 키친 비용에 포함

3 몰텍스로 마감한 벽

간편하게 모르타르 느낌으로 마감할 수 있는 벨기에산 도료 '몰텍스'. 요즘 특히 인기가 있다. 내가 일찌감치 발견해 골랐다고 말하고 싶지만, 설계사의 제안이다. 우리집의 인상을 결정하는 중요한 소재가 되었다.

약 15만 1000엔

(모든 재료비와 시공비)

4 LDK 출입구의 gp door

리노베이션 회사가 거래처에 발주하여 만든 문. 다양한 디자인과 마감(도장색)을 선택할 수 있었다. 입주 후 좀 더 감색에 가까운 파란색이어도 좋았겠다고 생각했지만, 밤에 조명 아래에서 보면 잘했다는 생각이 든다.

약 5만 8000엔

(문틀 재료, 설치비 제외. 도장비는 별도 8000엔)

5 붙박이 책장과 분전반 커버 문

내가 혼자 살던 이 집에 남편이 이사오는 형태로 함께 살기 시작. 남편이 가지고 온 많은 책과 CD를 박스 그대로 방에 쌓아두었기 때문에 LD에 책장이 있으면 좋겠다고 생각. 상부의 흰 문 안에는 분전반이.

약 9만 9000엔

(시공비 포함)

6 몰텍스와 목재 카운터

아일랜드 카운터는 붙박이로 제작. 오븐 레인지를 안에 넣은 것은 음식점에서 근무한 경험이 있는 남편의 의견. 허리 높이의 장소에만 놓아두던 나는 잠시 당황했지만, 오픈 키친의 미관을 위해서는 이게 정답이었다.

약 15만 6000엔

(몰텍스 비용은 3에 포함)

7 팬트리의 오픈 선반

부엌은 공사하지 않을 생각이었으므로 팬트리도 반가운 플랜이었다. 취재하러 간 집에서 팬트리를 극찬하는 사람을 많이 본 터라 제안서를 본 순간 눈에 하트가. 기본적으로 안쪽에 위치하므로 부재는 특별히 신경 쓰지 않았다.

약 5만 3000엔

(시공비 포함)

8 산게쓰의 쿠션 플로어

수납 공간 내부이므로 저렴한 쿠션 플로어를 선택. 특별히 고집하는 제품이 없는데도 두꺼운 카탈로그를 받으면 구석구석 체크하는 것은 직업병? 오염이 쉽게 눈에 띄지 않고 밝은 느낌을 주는 석재 느낌 그레이를 선택했다.

약 1만 5000엔

(재료비만. 드레스룸의 바닥도 포함)

9 건조용 스틸 바

장마철이나 겨울에는 빨래가 그 날 안에 다 마르지 않는 경우도 있다. 집안에 일시적으로 빨래를 널 수 있는 장소가 필요해 평소에는 방해가 되지 않을 위치에 바를 설치했다. 놀러 온 조카들이 운동 기구로 착각하기도 했다.

약 2만 9000엔

(시공비 포함)

10 flame의 펜던트 라이트

효고 현 아시야 시에 있는 좋아하는 조명 브랜드의 '플라스크' 시리즈. 인터넷으로 구입해 시공업체에 전달했다. 광택감 있는 검은 색과 직선적이면서 원 포인트가 되는 모습에 반했다.

1만 8360엔

(배송료는 별도)

11 원목 오크재 플로어링

이것을 위해 리노베이션했다고 해도 과언이 아닐 만큼 고집한 제품. 내 취향이 '오크재', '일정한 길이', '클리어 도장'이었는데, 견본을 보고 고른 제품의 가격에 깜짝 놀랐지만 GO!

약 54만 9000엔

(양생비, 시공비 포함. 방음 매트 재료비와 시공비는 별도 35만 엔)

12 앨더재 오픈 선반

여기에 선반이 달려있던 것도 제안서에 감격한 이유 중 하나였다. 실용품이 아닌 좋아하는 것들로 꾸며야겠다는 생각에 설렜다. 선반 받침 금구가 보이지 않는 사양을 선택해 비용이 약간 올라갔다.

약 6만 엔

(시공비 포함)

13 몰텍스의 책상

컴퓨터 작업을 할 수 있는 책상이 어딘가에 있었으면 좋겠다고 요청. 부엌의 연장선상에 '몰텍스' 책상은 예상 밖이었지만 요리하면서 메일 체크를 할 때 편리하다.

약 10만 3000엔

(몰텍스 비용은 3에 포함)

LIVING ROOM

1 릴리컬러(Lilycolor)의 비닐 벽지

벽에 대해 특별히 고집하는 것이 없어서 '흰색'으로 '가장자리 부분을 선명하게', '몸체 부분의 질감을 느낄 수 있는' 이미지로 만들었다. 벽을 '무'의 상태로 만들어 인테리어로 멋을 내고 싶었다는 걸 나중에서야 깨달았다.

약 16만 5000엔

(LDK, 팬트리, 드레스룸의 천장과 벽의 재료비 및 시공비. 1200엔/㎡)

2 상부 레일 슬라이딩 도어 (Hanging Sliding Door)

드레스룸 출입구는 튀는 것이 싫어서 흰색 미닫이문으로 선택. 천장 쪽에 레일을 설치하는 상부 레일 슬라이딩 도어는 가격이 비싸지만, 바닥 쪽에 레일이 보이지 않고 바닥에서 천장까지 문이 있으면 천장이 높게 느껴진다.

약 5만 6000엔

(철물 포함. 창호 틀과 설치비는 제외. 도장비는 별도 9500엔)

3 드레스룸 내부의 유공 보드

이건 완전히 잡지에서 본 집을 흉내 낸 것(웃음). 드레스룸 안에 '단순한 벽' 부분이 생긴다는 것을 알고 어딘가에 쓰고 싶었던 유공 보드를 이곳에 발주. 가볍게 생각하고 설계사에게 부탁했는데 생각보다 비쌌다.

약 3만 4000엔

(시공비 포함. 후크는 별도)

4 무인양품의 알루미늄 블라인드

LDK는 남향이지만 아쉽게도 창밖으로 옆 아파트의 공용 복도가 보인다. 조망은 포기하고 창가 쪽에 시선을 차단하면서 채광을 할 수 있는 블라인드를 달았다. 세일 기간을 기다렸다가 구매했다.

약 2만 엔

(15% 할인 가격. 설치는 남편)

5 YKK ap의 이너 새시

DK와 침실 창은 이전에 이너 새시(내창)를 설치했지만 다다미방의 창이었던 이곳은 장지문이 달려 있어 공사를 뒤로 미루고 있었다. 넓은 원룸의 LDK로 만들고 단열성을 높이고 싶어서 망설임 없이 선택. 방음 효과도 좋다.

약 8만 5000엔

(창호 틀, 설치비, 반입비 포함)

WASHROOM

1 와이어 워크스의 거울 캐비닛

안쪽에 수납 공간이 있는 거울 캐비닛. '거기까지 수납해?'라는 느낌이 들었지만, 더 콘란숍에서 영국 디자인팀이 만든 이것을 발견! 매일 우아한 기분을 느낄 수 있을 것 같아 선택했다.

약 5만 엔

(배송료는 별도)

2 세라 트레이딩의 수전 & 세면 볼

까다롭게 고를 줄 알았는데 의외로 쉽게 결정한 것이 세면실의 수전과 볼. 설계사가 처음 제안한 제품이 안성맞춤에 가격도 적당한 것 같아서 다른 것은 더 찾아보지도 않았다.

약 5만 6000엔

(설치 공사비는 제외)

3 릴라이언스의 스테인리스 부품

세면대를 새로 제작하면서 이전보다 수납 공간이 부족한 것 같아 수건 선반과 후크를 설치해 수건 둘 장소를 확보했다. 릴라이언스의 쇼룸은 부품을 좋아하는 사람에게는 천국 같은 곳이다.

약 1만 4000엔

(수건 선반, 수건걸이, 후크 × 2개. 설치비는 제외)

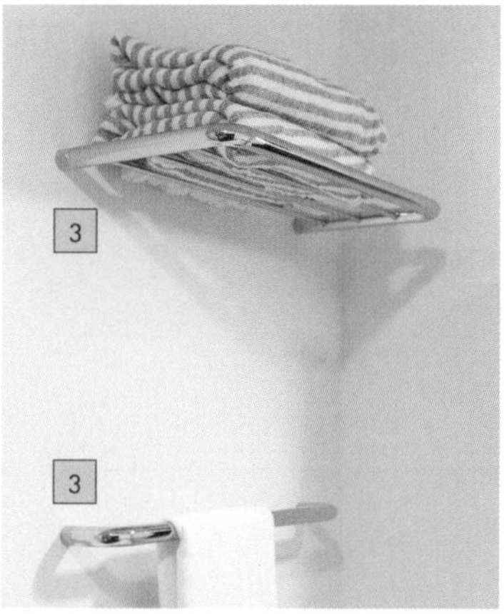

4 세탁물을 잠깐 걸어두는 스틸 바

빨래를 말릴 때 세탁기 앞에서 하나씩 옷걸이에 걸어 한꺼번에 베란다로 옮기는 방식을 오랫동안 고수하고 있어 천장에 옷걸이용 바를 설치했다. 핀치 행거에 양말을 끼울 때 편리함을 절실히 느낀다.

약 2만 9000엔

(시공비 포함)

5 엘더재 오픈 선반

리노베이션 전에는 플라스틱 선반이 있었는데 볼 때마다 약간 스트레스였다. 하지만 이곳에 빨래 바구니와 속옷 수납 케이스가 있는 게 편리해서 목재로 선반을 만들어 달았다. 눈에 거슬리던 외관도 해결.

2만 8000엔

(시공비 포함)

6 타일 상판의 세면대 제작

모르타르와 타일 중 망설이다 부엌을 모르타르로 표현했으니 타일로 결정. '모눈 종이' 느낌으로 흰색 정사각형 타일과 회색 줄눈을 조합했다. 아래에 하부장을 만들지 않고 '무인양품'의 케이스를 활용해 비용 절감.

약 16만 4000엔

(목재 재료와 타일&줄눈 재료. 시공비 포함.
수전과 세면볼은 별도. 2. 참조)

ENTRANCE

1 앨더재 신발용 오픈 선반

원래 있던 신발장은 양문형. 현관 바닥에 신발이 있으면 잘 열리지 않아 스트레스였다. 개방형 신발장에 대해 거부감이 조금 있었지만, 취재처에서 모두 멋있게 활용하는 것을 보고 우리집에도 적용하기로 결정. 심플한 구조라 비용도 줄일 수 있었다.

약 5만 9000엔

(시공비 포함)

2 악센트가 되는 마리메코 벽지

집을 나설 때나 귀가 시에 기분이 좋아지는 악센트가 있으면 좋을 것 같아서 오픈 선반 뒷면에 '피에네트 키베트(PIENET KIVET)'(조약돌)의 벽지를. 인터넷으로 직접 구입했다. 세탁기 뒷면 벽에도 사용했다. 비싸지만 1롤(70㎝×10m) 정도라서 망설이지 않고 결정.

약 2만 6000엔

(배송료 별도)

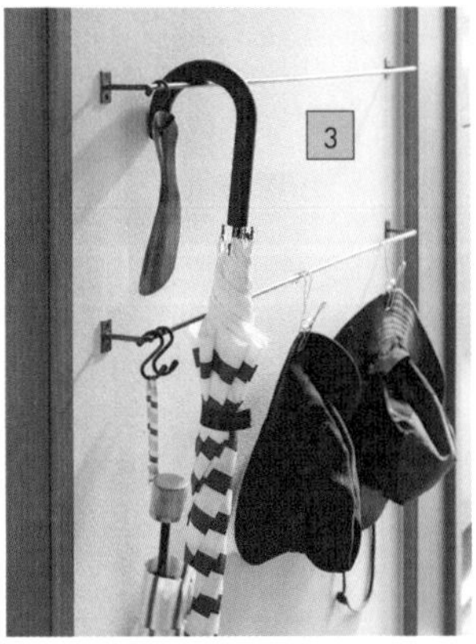

3 소품용 스틸 바

신발장을 오픈 선반으로 만들자 우산을 둘 곳이 없어져 곤란했는데, 2단으로 설치한 스틸 바가 저렴한 데다 매우 편리했다. 후크 클립에는 근처 텃밭에 갈 때 쓰는 모자를 걸어두었다. 겨울에는 이곳에 장갑을. 머플러도 바에 걸어둔다.

약 6000엔

(시공비 포함)

4 코트 수납장의 루바 접이문

이것도 리빙 도어와 마찬가지로 gp door에서 골랐다. 기존의 침실이나 화장실 문과 가까운 색으로 칠하여 튀지 않도록 했다. 복도 쪽에 새로 만든 코트 수납장은 정말 편리! 여행용품과 취미인 탁구 관련 용품도 여기에 보관한다.

약 3만 3000엔

(문틀 재료, 설치비는 제외. 도장비는 별도 8000엔)

리노베이션 총 비용

내용	금액
가설 공사	17만 2000엔
해체 철거 공사	43만 8200엔
목공사	148만 7100엔
붙박이 가구 공사	86만 2380엔
목제 창호 공사	44만 7800엔
철제 창호 공사	8만 5000엔
도장 공사	18만 5000엔
미장 · 타일 공사	15만 2700엔
마감 공사	45만 3800엔
집기 설비 공사	72만 6300엔
급배수 설비 공사	18만 5500엔
가스 설비 공사	9만 3500엔
전기 설비 공사	36만 7000엔
공사비 합계	**565만 6280엔**
설계 플랜료	22만 6251엔
현장 관리 제반 경비	39만 5940엔
주차 경비	3만 1000엔
소계 (끝자리수 조정 -9471엔)	**630만 엔**
세금 포함 총 680만 4000엔 (소비세 8% 50만 4000엔)	

처음 예산이 450만 엔이었다는 것을 믿지 못할 만큼 총액이 늘어났지만 '비싸다', '초과되어 놀랐다'라는 생각은 전혀 없다. 오히려 '450만 엔짜리 플랜'을 제안하지 않아서 다행이라고 생각한다. 설계사의 제안 능력에 진심으로 감사하는 마음이다.

실제로 리노베이션을 해보니 예상 외로 드는 비용이 많다는 것도 배웠다. 콘센트 배선&이전 5만 엔, 인터폰 이전 5만 엔, 화재경보기 이전 8만 엔……. '전기 설비 공사'에 포함되는 여러 가지 '이설' 비용에 깜짝 놀랐다. 왼쪽은 리노베이션 회사에 지불한 금액이다.

그 밖에 직접 구매해 지급한 물품비가 약 10만 엔, 임시 거주비가 약 50만 엔, 에어컨 교환(2대)에 약 30만 엔이 들었다.

가족 구성	부부
건축 연수	약 20년
전용면적	55.99㎡
리노베이션 면적	약 43㎡
리노베이션 부분	침실, 욕실, 화장실 이외
공사 기간	2017년 8월 ~ 10월
리노베이션 설계·시공	스타일 공방 www.stylekoubou.com

BEFORE

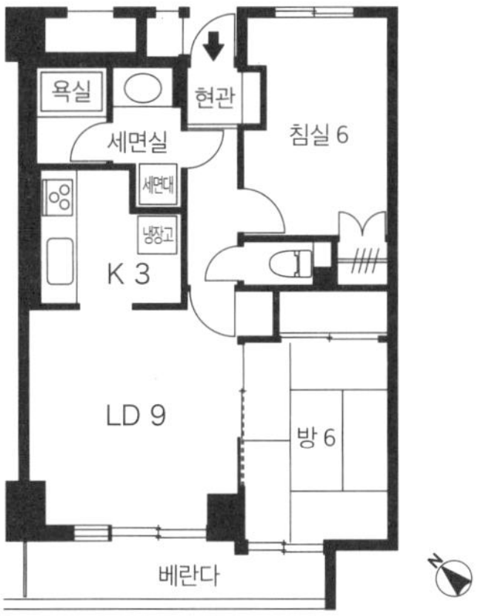

AFTER

LIVING & DINING

3평 남짓한 거실에 방과 복도를 이어서 휴식 공간을 넓혔다. 많은 CD와 LP의 압박감도 줄었다. 2개의 바닥창을 통해 빛이 들어와 훨씬 밝아졌다.

15년 정도 거주한 50년 된 아파트를 부분 리노베이션. 불만족스러운 부분을 개선하는 데 집중해 같은 집이라고는 믿을 수 없을 정도로 쾌적한 환경이 되었다.

Data

가족 구성 : 부부
건축연수 : 약 50년
리노베이션 면적 : 약 36㎡
리노베이션 부분 : 현관 홀, 부엌, LD
공사 기간 : 약 2주(2016년 7월)

Profile

프리랜서 작가인 G(48세)와 디자인 회사에 다니는 남편(47세)이 사는 집. 결혼 전부터 이 아파트에서 동거를 시작했고 2007년에 결혼했다. 공통 취미는 음악과 영화감상, 독서 등.

Renovation Cost

2,740,392엔

오래된 부분을 남기고
쓸데없는 공사는 줄여 비용 절감

우리가 이 아파트에 살기 시작한 것은 약 15년 전이다. 처음에는 10년 정도 월세를 내면서 살았다. 그러던 중 집주인이 매각 의사를 밝혔다. 입지와 조건이 마음에 들었고 금액도 괜찮은 것 같아 매입을 결정했다. 지은 지 50년 된 오래된 아파트지만 손을 보면 편하게 살 수 있을 것 같아 언젠가는 리노베이션을 할 생각이었다.

리노베이션 계획을 실천하기 시작한 것은 2016년. 욕실만 부분 수리를 했고 업무상 알고 지내던 건축가 미야지 와타루 씨와 상담했다. 저비용 건축을 적극적으로 추진하는 분이라 편하게 요청할 수 있었고 시공업체와도 연결해 주었다.

리노베이션 예산은 250~300만 엔. 부모님께 빌린 돈까지 합해 준비할 수 있는 금액이 그 정도였다. 대출을 받아 예산을 늘리는 방법을 고려하지 않은 것은 경제적인 이유도 있지만, 이 아파트에서 언제까지 살 수 있을지 몰랐기 때문이다. 이미 50년이라는 건축연수를 고려하면 십몇 년 후에 재건축 이야기가 나올 수도 있다. 큰 비용을 들여 대대적인 리노베이션을 했는데 철거하게 될 가능성도 고려했다.

1. 바닥재 여분을 이용해 만든 테이블. 미야지 씨와 스에요시 임업의 사장님이 만들어 주었다. 2. 툴 캐비닛에는 액세서리와 생활 잡화를 수납. 포스터는 오토모 가쓰히로의 작품.

부엌 타일은 옛 것 그대로. 화장실과 욕실 타일도 같은 것이다.

최소한의 리노베이션에 약간의 사치 더하기

결국 '자금과 건축 자재 및 설비에 낭비가 없을 정도의 리노베이션'을 목표로 그동안 불편했던 포인트만 개선하기로 했다. 10년 이상 산 집이므로 그 포인트는 분명했다. 주로 '가장 꼭대기 층이라 더위와 추위가 심하다', '거실이 좁다', '부엌이 오래되어 불편하다'는 3가지였다. 그래서 천장 안쪽과 창문 주변의 단열 공사, 거실과 옆의 방과 복도를 잇는 공사, 부엌의 설비 교환을 우선으로 했다.

그 밖의 다른 요소는 계획에서 완전히 제외시켰다. 방과 화장실은 손대지 않고 그대로 사용하기로 했다. 내장재도 가능한 기존의 것을 그대로 남기고 필요에 따라 DIY도 했다. 그렇지만 조금 사치를 부린 부분도 있다.

원목 바닥재와 빌트인 오븐은 더 저렴한 것을 선택할 수도 있었지만 이번 기회에 꼭 원하는 것을 갖고 싶어서 큰맘 먹고 예산을 할애했다. 다만 조금이라도 비용을 줄이기 위해 2개 다 직접 구매해 시공업체에 전달했다. 처음부터 공사비에 포함되어 있었기 때문에 예상 밖의 예산 초과는 없었다.

직접 구매해 제공하면서 경험하고 느낀 점

필요한 물품을 직접 구매해 시공업체에 제공하면 비용을 줄일 수 있지만 그만큼 시공업체의 이익은 줄어든다. 특히 이번에 부탁한 스에요시 임업은 목재도 취급하고 있었기 때문에 우리가 직접 바닥재를 구매하는 것이 조금 꺼림칙했다.

그래서 미리 미야지 씨와 상담했고 스에요시 임업의 사장님에게도 말했더니 기분 좋은 대답이 돌아왔다. 바닥 시공 후에도 '저렴하면서 좋은 재료네요!'라고 이야기해 주었다. 죄송한 마음을 먼저 전했던 터라 눈치 보지 않고 일을 진행할 수 있었다.

그리고 물품을 직접 구매할 때 미야지 씨의 도움도 받았다. 바닥재의 수량이나 부엌 카운터의 정확한 길이 등은 아마추어인 우리로서는 알 수 없었다. 직접 구매로 비용을 낮추려면 업체의 이해와 협조가 있어야 한다는 것을 절실히 느꼈다.

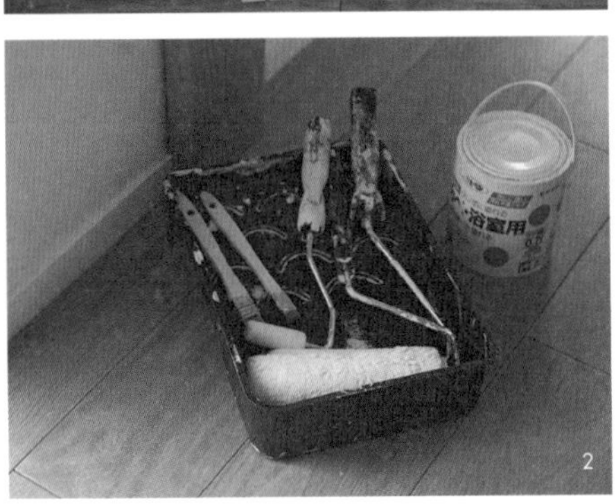

1. '쿠션 플로어'는 쇼룸에서 샘플을 받아 나란히 놓고 검토. 2. 바닥을 양생하지 않아도 되도록 벽의 DIY 도장은 착공 전에.

DINING ROOM

2평 남짓한 방과 복도였던 곳을 주방으로. 복도를 지나지 않고 부엌과 식탁을 오갈 수 있어서 상 차릴 때나 뒷정리할 때 편해졌다.

살던 집이라 가능했던 부분 리노베이션

공사 기간은 2주일 정도. 부분 리노베이션이었기 때문에 공사하지 않는 방에 가구와 냉장고 등을 모두 넣고 간단한 일상용품만 챙겨 임시 거주지로 옮겼다.

리노베이션 후에는 불편했던 3가지 포인트가 모두 해소됐다. 특히 단열 공사의 효과는 상상 이상이어서 놀라울 정도로 살기가 좋아졌다. 오래된 내장과 인테리어가 거슬릴 수도 있지만 익숙해져서 크게 신경 쓰이지 않는다.

우리집의 경우에는 집 전체를 리뉴얼 하지 않고 '하고 싶은 것'에만 비용을 들였기 때문에 만족스러웠다. 이것은 오랜 기간 이곳에서 살았기 때문에 가능한 일이었다. 살아보지 않고 매입 후 바로 리노베이션을 했다면 다른 플랜이 되었을 것이다.

리노베이션을 하지 않은 옛날 방은 조금 어질러도 괜찮다는 생각으로 편하게 쓴다. 이런 홀가분한 마음도 편안한 생활에 한몫하고 있다.

LIVING & DINING

1 페인트 마감한 벽

LDK와 현관 홀의 벽은 전부 비닐 벽지 위에 DIY로 페인팅. 도료는 이전에 욕실에 사용해보고 마음에 들었던 '아사히펜 벽 · 욕실용 무광 아이보리'. 노란빛이 적은 흰색으로 석고보드처럼 매트한 질감이다.

약 2만 7000엔

(재료비, 도구비)

2 '디스크 유니온'의 CD/LP 랙

벽 한 면에 선반을 설치하는 방안도 검토했지만, 벽 보강을 포함한 대규모 공사를 해야 한다는 것을 알고 단념. 가지고 있던 랙(CD용 약 2만 엔 × 3대, LP용 약 4000엔 × 3대)을 활용하기로 했다. 지진에 대비해 L자 철물로 벽에 고정하였다.

0엔

3 AGG의 페어플러스

새시는 그대로 두고 유리 부분만 이중으로 만들 수 있는 제품을 모든 창에 사용. 내창을 설치하는 것보다 훨씬 저렴했지만, 단열 효과는 충분하다. 살고 있는 지자체의 친환경 리폼 보조금제도를 이용해 공사비 보조(8만 엔)도 받았다.

31만 7500엔

(창 9곳. 시공비 포함)

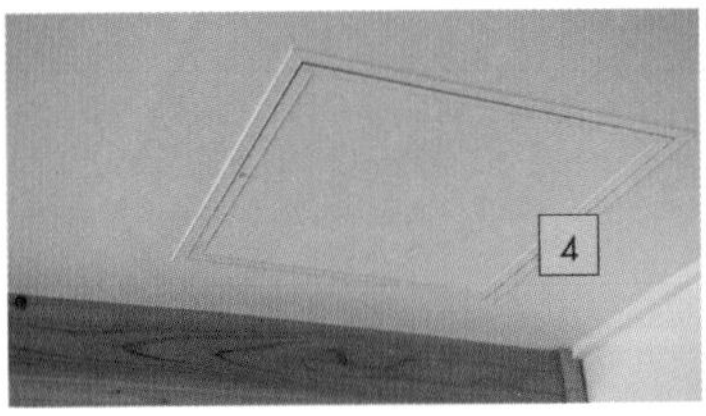

4 아사히 파이버 글라스의 단열재 어클리어 블로우(Aclear blow)

시트 형태 단열재를 바르는 방법은 온 집안의 천장을 해체·시공해야 해서 비용이 많이 든다. 그래서 블로잉 공법 단열 공사를 선택. 각 방에 설치된 점검구를 통해 덕트로 글라스울을 불어넣었다. 단열 효과는 대만족.

31만 4600엔

(약 77㎡ 넓이. 시공비 포함)

5 산와컴퍼니의 오크재 플로어링

적당히 폭이 넓은 오크재를 찾다가 발견한 화이트 오크 무도장. 비교적 가격이 저렴했고 직접 구매해 시공업체에 제공하는 조건으로 비용을 더 줄였다. 마감은 천연 소재 '왁스 세라리카 코팅 퓨어'를 DIY로.

15만 4800엔

(약 21㎡ 넓이. 시공비는 제외)

6 삼나무재 기둥과 들보

거실과 방 & 복도를 막고 있던 벽을 철거했더니 벽과 천장에 구멍이 뚫려버렸다. 그래서 시공업체에서 준비한 기둥과 들보로 가렸다. 천장에 약간의 단차가 남았지만 들보가 사이에 들어가니 거의 보이지 않는다.

약 2만 엔

(시공비는 제외)

LIVING & DINING

7 마 커튼

본가에서 잠자고 있던 삼베 플랫 시트를 얻어다가 아래위를 접어 꿰맨 것. 창문 전체를 덮을 수 있는 폭은 아니지만, 햇볕과 외부의 시선을 가리기에는 충분하다. 커튼을 친 스테인리스 바는 입주 당시 홈센터에서 구입해 직접 설치한 것.

0엔

8 도배 마감한 천장

방의 천장을 흰색 비닐 벽지로 교체. 옆의 거실 천장과 비슷한 색과 질감의 벽지를 미야지 씨가 골라주었기 때문에 차이를 거의 느낄 수 없다. 다른 공간의 천장은 손대지 않았고 칠도 하지 않았다.

2만 1800엔

(약 9㎡ 넓이. 시공비 포함)

9 공사 현장용 조명

20년 전부터 사용하던 것을 그대로 이용. 같은 타입을 홈센터에서 찾아 부엌에도 설치했는데, 플러그와 턴 스위치가 달린 것으로 골라 전기공사를 생략했다. 차가운 느낌과 1000엔대의 저렴한 가격이 마음에 든다.

0엔

10 문 대신 커튼

원래는 방의 벽장. 문이 달려있었지만 어울리지 않아서 철거한 후 가지고 있던 천을 걸었다. 창호 공사를 생략할 수 있고, 재질이나 디자인이 다른 문이 혼재하는 것도 막을 수 있었다. 내부에는 서랍을 두고 잡다한 물건을 수납.

0엔

11 다다미방의 흔적

기둥과 벽의 중간을 가로지르는 인방은 원래는 숨길 생각이었지만 비용 절감을 위해 그대로. 그곳에 같은 색 계열의 책장을 넣어 디자인처럼 활용했다. 거울은 멕시코 여행에서 구입. 멕시코 맥주병을 이용한 조명도.

0엔

12 폴리카보네이트제 교창

기존의 문을 틀까지 다 이설하고 위쪽에 교창을 달았다. 안쪽의 복도가 밝아지도록 유리보다 저렴하고, 지진 시에도 안심할 수 있는 폴리카보네이트를 끼웠다. 기타리스트의 사진을 넣은 액자는 단골 헌 옷 가게에서 몇 개씩 사 모으는 중.

약 2만 3000엔

(시공비 포함)

KITCHEN & ENTRANCE

1 이케아 키친

3.5m 벽의 너비에 꽉 차는 부엌을 희망. 그 사이즈에 가격과 디자인이 적당한 것이 이케아였다. 베이스 캐비닛은 메토드(METOD), 면재는 베딩게(BEDDINGE). 캐비닛 하나를 줄이고 가지고 있던 왜건을 사용.

약 21만 3000엔

(설치 공사비 등은 제외)

2 가쿠다이의 환기팬

벽면의 환기구 위치와 형태에 맞는 제품을 인터넷으로 찾아 제조업체가 소개한 도매업자에게 구입. 어떤 타입이어야 설치할 수 있는지 미야지 씨에게 조언을 받아 선택했다. 커버를 쉽게 떼어낼 수 있어 자주 청소하고 있다.

약 2만 7000엔

(설치비는 제외)

3 주방용 스테인리스 카운터

이전의 부엌에서 작업대로 쓰던 것. 주방기기를 취급하는 인터넷 몰에서 10여 년 전에 3만 엔 정도에 샀다. 리노베이션 후에는 벽 쪽으로 옮겨 수납과 보조 작업대로 활용. 서랍에는 커트러리 등을 보관한다.

0엔

4 린나이 가스레인지와 오븐

가스레인지는 화력을 미세 조정할 수 있는 '마이톤', 빌트인 오븐은 33ℓ 타입의 '콘베크'. 두 개 다 쇼룸에서 실물을 본 후 인터넷으로 직접 구매. 가스 오븐은 예열이 빨라 일반 요리에도 편하게 사용할 수 있다.

약 14만 엔

(설치비 제외)

5 산게쓰의 쿠션 플로어

현관과 부엌에는 저렴하고 관리가 편한 바닥재를 선택. 타일로 할까도 생각했지만, 시공비가 비싸고 발의 냉기가 걱정이었다. 게다가 식기를 떨어뜨리면 깨지기 쉬운 것 등을 고려해 이것으로 선택. 후보 중에서 가장 밝은 색을 골랐다.

6만 2900엔

(약 15㎡ 넓이. 시공비 포함)

6 목제 신발장

신발장을 비롯해 수납장은 모두 기존 그대로. 특별히 마음에 드는 건 아니지만 붙박이로 제작하려면 비용이 드는 데다 그곳만 소재나 디자인이 새것이면 튀어 보이기 때문에 내장 전체를 레트로 스타일로 맞췄다.

0엔

TOTAL

리노베이션 총 비용

내용	금액
해체 철거 공사	25만 5700엔
목공사	27만 3000엔
도배 공사	2만 1800엔
쿠션 플로어 공사	6만 2900엔
부엌, 부엌 패널 설치 공사	9만 2600엔
부엌 벽 돌출 공사	2만 3000엔
수도 공사	4만 1700엔
전기 공사	6만 6700엔
창호 공사	2만 3000엔
천장 단열 공사	31만 4600엔
새시 단열 공사	31만 7500엔
부자재·건재	22만 2000엔
현장 관리비	16만 6700엔
시공업체 공사비 합계	**188만 1200엔**
설계 조언 사례비	10만 7000엔
직접 구매 플로어링 재료	15만 4800엔
직접 구매 키친 설비	38만 엔
도쿄가스 공사비	6만 1400엔
DIY 재료비	3만 3000엔
새시 단열 공사 보조금	△ 8만 엔
소계	**253만 7400엔**
세금 포함 합계 274만 392엔 (소비세 8% 20만 2992엔)	

처음 목적대로 천장 안쪽과 창 주변의 단열 공사, 거실 확장 공사, 부엌 교체에 가장 큰 비용이 들었다. 여기에는 포함하지 않았지만, 그 밖에 임시 거처(근처의 위클리 아파트에서 2주 동안)에 8만 엔 정도 지출했다. 우리집은 엘리베이터가 없는 저층 아파트의 꼭대기 층이라 공사비 안에는 '하역비'나 '고층 운반비'가 포함되어 있다.

엘리베이터가 없어서 직접 구매할 때도 애를 먹었다. 제조업체나 도매업자의 배송은 '지상까지만 인도'하는 경우가 많으므로 도착한 건축자재나 설비를 직접 위층까지 옮겨야 했다. 특히 바닥재와 빌트인 오븐은 크고 무거워 운반하느라 엄청 고생했다.

가족 구성	부부
건축 연수	약 50년
전용면적	약 77㎡
리노베이션 면적	약 36㎡
리노베이션 부분	현관 홀, 부엌, LD (천장·창 단열은 전체)
공사 기간	2주 (2016년 7월)
리노베이션 설계	오우치야(미야지 와타루) www.ouchiya.jp
리노베이션 시공	스에요시 임업 www.suerin.jp

BEFORE

AFTER

Chapter

4

공간별
아파트 리노베이션의 비결

단독 주택과 달리 생활에서도 여러 제약이 따르는 아파트.
자유롭게 설계하기에 한계가 있다.
문제를 해결하고 쾌적한 집으로 바꾸는 비결을
현관, 거실, 부엌, 욕실 등 공간별로 설명한다.

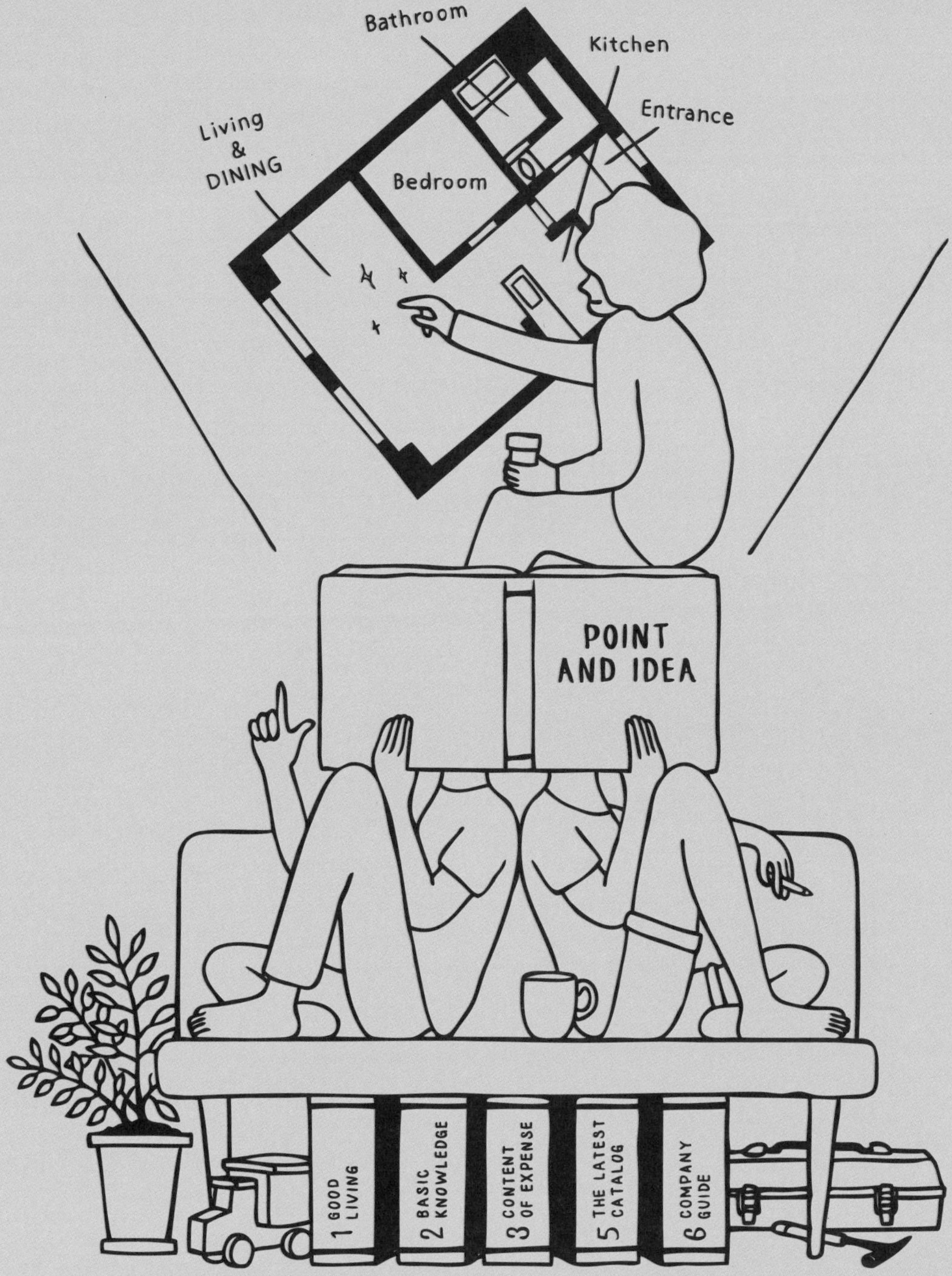

Bathroom
Kitchen
Entrance
Living & DINING
Bedroom
POINT AND IDEA
1 GOOD LIVING
2 BASIC KNOWLEDGE
3 CONTENT OF EXPENSE
5 THE LATEST CATALOG
6 COMPANY GUIDE

1

Entrance

(현관)

좁고 무미건조한 현관을
효과적으로 활용하려면?

↓

TIP

**봉당을 넓혀서
여유 있는 공간으로.
수납하고 싶은 물건을
꺼내 세련되게 수납할
방법을 검토**

• 봉당 ; 주택 내부에 있으면서 마루나 온돌을 깔지 않고 바닥에 흙을 깔아 만든 공간.

가까운 방의 일부를 확장하여 자전거를 놓을 수 있는 널찍한 봉당을 만든 현관. 신발은 오픈 선반에 숍처럼 디스플레이하여 수납. (O 씨의 집)
설계 & 사진 제공 / 공간사 (p.124~145의 사진 전부)

오래된 아파트의 현관은 좁고 수납 공간도 별로 없는 것이 일반적이다. 현관은 매일 사용하는 곳이므로 '여유 있는 공간으로 만들고 싶다', '드나들 때의 번잡함을 해소하고 싶다', '물건이 나와 있지 않은 깔끔한 상태로 만들고 싶다'는 등의 바람으로 확장공사를 많이 한다.

실제로 유모차나 세발자전거, 아이의 자전거 헬멧과 스포츠용품 등 부피가 큰 물건은 기존 수납 공간에 보관하기 어렵다.

현관의 봉당을 넓게 잡아 코트 걸이나 거울, 자전거나 공구 등의 취미용품, 아웃도어 용품까지 두는 경우도 있다. 공용 복도 쪽의 창문이 봉당에 포함돼 인접한 거실의 창이 없어진 경우에는 봉당과 옆방의 칸막이벽에 실내창을 만들어 채광과 통풍을 확보한다. 단, 확장하는 부분의 바닥 밑에 배관이 지나가는 경우에는 봉당을 만들기 위해 바닥을 낮추면 배관이 노출되므로 현관 바닥을 넓히지 못하는 경우도 있다.

아파트의 경우, 현관문은 공용 부분이라 바꿀 수 없으므로 공간에 개성을 표현하기 위해 현관에 오픈 수납을 활용하는 경우가 많다. 복도 벽에 세련된 후크나 비계널 등의 운치 있는 소재로 만든 오픈 선반을 설치해 좋아하는 모자나 구두를 숍처럼 장식하면서 수납하기도 한다.

2

Living Room

(거실)

거실은 가족 모두가 편하게
지낼 수 있는 평면이면 좋겠다.

↓

TIP

주방과 부엌이 연결되는 개방적인 공간이 트렌드. 수납장과 데스크 코너 등 원하는 기능을 정리한다

칸막이가 없는 LDK는 개방적인 반면, 잡다한 인상을 줄 우려가 있으므로 수납 계획이 중요. 큰 벽면 수납 공간을 만들어 공간을 깔끔하게. (E 씨의 집)

DK와 개방적으로 연결된 거실. 벽면에는 컴퓨터 책상을 배치하여 가족과 함께 있으면서 작업도 할 수 있도록. (S 씨의 집)

옛날 아파트는 작은 방이 여러 개인 평면이 대부분이지만 요즘은 방보다 가족이 모이는 LDK를 넓게 만들고 싶어하는 경우가 많다. 또한 예전에는 독립형을 선호했던 부엌도 지금은 가족 간의 커뮤니케이션 장소로서 거실과 개방적으로 연결하는 경우가 많아지고 있다. 또 가능하면 아이가 자기 방 안에 혼자 있지 않도록 넓은 거실에 온 가족이 사용할 수 있는 긴 책상을 만드는 등 거실의 형태도 다양해지고 있다.

리노베이션으로 넓은 LDK를 만들기 위해서는 기존의 방 개수나 면적이 중요한 게 아니라 원하는 평면으로 고치기 쉬운 매물인가 아닌가가 포인트다. 아파트를 보러 갈 때 리노베이션을 의뢰한 전문가와 동행하라. 계획보다 좁은 공간이더라도 원하는 집의 형태로 만들 수 있는지 판단해 줄 것이다.

3

Living Room

(거실)

좋아하는 가구나 인테리어로
집의 메인 공간을 세련되게 만들고 싶다!

↓

TIP

벽면이 한정되어 있으므로 가구나 TV를 둘 장소와 수납공간은 계획적으로. 바닥재 변경 시에는 방음성을 확보

* 차음 등급 : 아래층에 충격음이 쉽게 전달되지 않는 수치. 발소리 등의 중량 충격음과 물건을 떨어뜨렸을 때 등의 경량 충격음이 있다. L값(LH, LL)으로 표시되는 경우에는 수치가 작을수록 방음 성능이 높고 델타엘(ΔLH, ΔLL) 등급으로 표시되는 경우에는 수치가 클수록 성능이 높다.

TV 보드와 좋아하는 가구를 배치할 장소를 미리 계획. 바닥재도 가구 분위기에 어울리는 자연스러운 원목 오크재를 골랐다. (S 씨의 집)

소재감이 좋은 천연목 슬라이스드 베니어의 방음 바닥재. 벽면에는 허리 높이의 수납장을 넉넉히 만들었다. (W 씨의 집)

칸막이벽을 허물어 넓은 거실을 만들 때 신경 써야 할 것이 가구 등을 둘 장소다. 좋아하는 가구도 놓고 싶고, 소파에서 큰 화면의 텔레비전도 보고 싶겠지만 벽면이 줄어들면 둘 곳이 한정되기 때문에 가구나 텔레비전 배치는 플래닝 초기 단계부터 검토해야 한다.

특히 큰 TV를 놓는다면 더 신경써야 한다. 식사하면서 볼 것인지, 소파에서 볼 것인지, 아니면 TV를 놓지 않을 것인지……. 수납장도 마찬가지로 벽면을 사용하므로 확실한 계획이 필요하다. 거실보다 DK에서 보내는 시간이 많은 집은 DK를 메인으로 하는 편이 좋다.

리노베이션을 할 때 벽재나 바닥재 등의 내장도 좋아하는 것으로 바꾸고 싶어하는데, 특히 대규모 공사를 해야하는 바닥재를 많이 바꾼다. 최근에는 질감이 좋은 원목 바닥재가 인기. 바닥재의 차음 등급* 문제를 해결하면서 원하는 바닥재를 사용하려면 바닥재 밑에 방음 매트를 까는 등 방음 성능을 확보한 후 바닥재를 시공하도록 한다.

4

Living Room

(거실)

개방적인 평면을 만들고 싶지만
냉난방 효율이 걱정이다.

↓

TIP

열의 유출입이 큰 개구부에 대한 대책이 필요. 이너 새시나 새 흡기구로 단열화를 도모하라

* 이니셜 코스트(initial cost) : 리노베이션 시의 경비 등 최초에 드는 비용. 초기 비용. 이에 반해 살기 시작한 후부터 드는 광열비 등을 러닝 코스트(running cost)라고 한다.

역과 가까워 아파트 앞쪽으로 사람들의 왕래가 많고 소리가 신경 쓰여 이너 새시를 나중에 설치한 사례. 방음성은 물론이고 단열 성능도 향상. (Y 씨의 집)

하나로 이어진 거실 · 주방. 넓은 공간이라 이너 새시와 새 흡기구를 설치하여 냉난방 효율에 신경 썼다. (N 씨의 집)

방을 넓게 만들 때는 냉난방 효율이 중요하다. 벽에 단열재를 추가할 수도 있지만 비용이 매우 많이 든다. 열의 유출입이 더 많은 창문 등 개구부 단열에 신경 쓰는 것이 더 효과적이다. 신축 아파트 창은 이중유리가 표준이지만 오래된 아파트는 단유리가 많아 새시로 외풍이 들어오기도 한다.

새시가 공용 부분이라 교환이 어렵다면 실내 쪽에 이너 새시(내창)를 추가한다. 단열성은 물론 방음성도 높아져 효과적이다.

이너 새시는 나중에 추가로 설치할 수 있으므로 이니셜 코스트*를 쓸 수 없는 경우이거나 창문 청소의 번거로움, 발코니를 왕래할 때 새시를 2번 열고 닫아야 하는 불편함 등이 걱정이라면 먼저 살아보고 필요한지 판단해 별도 공사로 설치하는 것도 방법이다.

또한 아파트 벽에는 환기를 위한 흡기구가 설치되어 있는데, 이것도 오래되면 외풍이 들어오므로 실내 쪽 부분을 뚜껑 달린 새 제품으로 바꾸는 것도 검토할 수 있다.

5

Dining Room

(다이닝 룸)

가족 간의 화목을 도모하면서
집안일도 하기 좋은 레이아웃은 무엇일까?

↓

TIP

부엌과의 동선을 중시하면서 대면, 직렬 등의 레이아웃을 선택하라

* 이중 바닥 : 바닥 구조의 콘크리트 슬래브 위에 지지 볼트를 세우고 그 위에 바닥 바탕재와 바닥 마감재를 바르는 구조. 바닥 면과 바닥 슬래브 사이에 공간을 만들 수 있어 그곳에 배관 등이 통과하도록 되어 있다. 이에 반해 바닥 슬래브 위에 직접 바닥 바탕재와 마감재가 시공된 것을 '직상(直床:지카유카)'이라고 한다.

* 천장 안쪽 : 천장 마감(+바탕재)과 그 위의 콘크리트 슬래브 사이에 있는 공간. 아이볼트 등으로 콘크리트 슬래브에 천장 바탕재를 매다는 이중 천장(P.133 참조) 구조일 때 생긴다. 이와 반대로 콘크리트에 직접 천장 마감재를 바른 것을 '직천장(直天井:지카텐죠)'이라고 한다.

부엌에서 커뮤니케이션하기 쉬운 대면식. 공간 전체가 눈에 들어와 어린아이가 있는 가족에게 인기. (T 씨의 집)

식탁과 부엌을 직렬로 배치하여 작업 효율이 높다. 요리와 상차림, 뒷정리에 가족 모두가 참여하기 쉽다. (N 씨의 집)

오래된 아파트는 주방과 부엌이 해치를 사이에 두고 마주 보는 경우가 많지만 최근의 주류는 주방과 부엌이 연결돼 거의 한 공간을 이루는 플랜. 대부분은 주방과 부엌이 마주 보는 레이아웃이지만 부엌 카운터 옆에 식탁을 연결하는 스트레이트(직렬) 레이아웃도 유행하고 있다.

스트레이트 타입은 식탁을 돌아야만 부엌으로 갈 수 있으므로 구입한 식재료를 정리하거나 냉장고에 음료를 가지러 갈 때 번거롭다. 다른 루트를 확보하는 투웨이 플랜을 고려하자.

부엌의 위치를 바꾸어 주방과 오픈형으로 연결할 때 주의할 점은 배관이다. 오래된 아파트는 이중 바닥*이 아닌 경우가 많아 배관이 자기 집 마루 밑이 아니라 아래층의 천장 안쪽*에 있는 경우도 있다(p.79 참조). 그 경우 배관을 이동하려면 바닥과 그 아래 콘크리트 사이에 틈을 만들어 거기에 신설하는 관을 통과시켜야 한다. 관은 물이 흐르도록 경사가 있어야 하므로 틈을 크게 만들어야 해서 바닥 면이 높아지게 되고 결과적으로 주방과 거실의 천장이 낮게 느껴지게 된다.

6

Dining Room

(다이닝 룸)

조명을 멋있게 설치하고 싶다!
미리 생각해 두어야 할 포인트는?

↓

TIP

전기 배선과 배관이 필요한 장소이므로 조명과 함께 가구의 배치도 빨리 결정하라

식탁 둘 곳을 정하고 거기에 맞춰 펜던트 라이트용 전기 배선을. 유리 펜던트 라이트로 멋진 장면을 연출. (I 씨의 집)

부엌과 오픈되게 배치된 주방. 덕트 레일을 설치하고 펜던트와 스포트라이트를 설치. (S 씨의 집)

주방의 조명은 건물에 내장된 간접 조명보다 펜던트 라이트 등이 더 인기 있다. 인테리어 숍에서 마음에 드는 디자인이나 앤티크 조명을 구매하는 사람이 많아지는 추세다. 주방에 펜던트를 다는 경우에는 테이블 위치를 먼저 정해야 한다. 테이블을 움직일 가능성이 있는 경우에는 덕트 레일*식 조명을 달거나 펜던트의 위치를 조정할 수 있는 후크를 달아두자. 벽면에 부착하는 브라켓 라이트는 벽 안에 배선이 필요하므로 리노베이션할 때 설치할 것을 권한다.

DK와 거실의 천장을 높이기 위해 천장재를 뜯어 구조와 배관을 노출시키는 경우도 있는데, 이중 바닥이 아닐 경우 노출된 배관 중에는 자기 집의 환풍기 덕트 외에 위층 배관도 같이 있어서 물 내려가는 소리 등이 잘 들리게 된다.

구조 콘크리트와 천장 사이의 공기층을 없애 버림으로써 방음 · 단열 효과가 떨어져 위층의 발소리가 들린다거나 꼭대기 층의 경우에는 여름에 더위가 심해질 수도 있다. 공기층이라는 완충 지역을 없앨지 어떨지 잘 검토해봐야 한다.

* 덕트 레일 : 전류가 흐르고 있는 레일의 원하는 장소에 여러 개의 조명 기구를 설치할 수 있는 부품. 스포트라이트나 펜던트 라이트 등을 달 수 있으며 레일 위에서라면 조명 기구의 위치를 간단하게 이동할 수 있다.

7

Kitchen

(부엌)

폐쇄적인 부엌을
오픈형으로 만들고 싶다.

TIP

관, 덕트 등을 옮기려면 바닥 밑이나 천장 안쪽 등의 구조를 사전에 반드시 점검해야 한다. 부엌의 모양이나 레이아웃도 고려하라

부엌의 레이아웃 예시

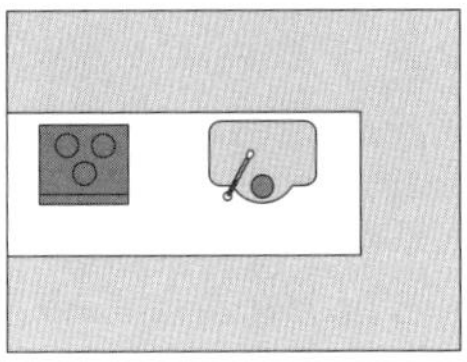

(페닌슐라형)

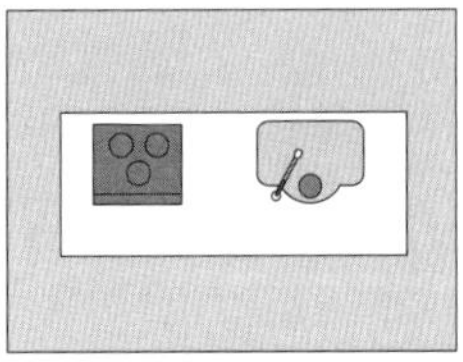

(아일랜드형)

아일랜드형은 부엌과 작업대가 벽과 접해 있지 않은 섬 같은 레이아웃. 사방에서 에워쌀 수 있으므로 여럿이 작업하고 싶은 사람에게 적합하다. 페닌슐라형은 부엌과 작업대의 좌우 한 쪽을 벽에 붙이는 배치. 아일랜드형보다 공간이 절약되지만 카운터가 길면 돌아가는 동선도 길어진다.

부엌의 형태

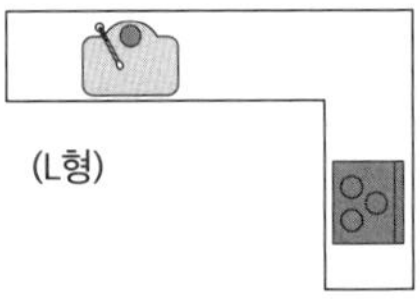

(L형)

(I 형)

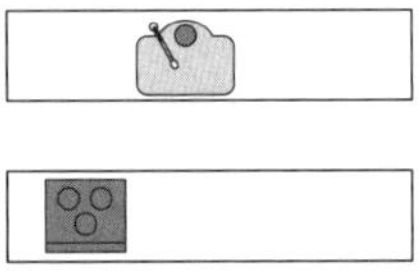

(II 형)

부엌의 형태는 I 형, II 형, L형 등이 있는데 인기가 높은 것은 좌우로만 이동하는 동선으로 작업 효율이 좋은 I 형이다. 싱크대와 가스레인지가 2열로 나누어진 II 형은 작업 중에 뒤를 돌아야 하는 동작이 있어 이를테면 씻은 야채를 싱크대에서 뒤쪽의 가스레인지로 가져갈 때 물이 떨어지는 등 바닥이 더러워지기 쉽다. L형의 경우는 작업 효율이 좋은 반면, 코너 수납이 어렵고 비용도 조금 올라간다.

폐쇄적인 평면이 많은 중고 아파트의 부엌. 최근 '다 함께 사용할 수 있도록', '오픈으로' 해달라는 요청이 많다. 다만 부엌을 전체적으로 오픈하고 싶어도 벽식 구조의 아파트인 경우에는 구조벽을 철거할 수 없는 경우도 있다. 레이아웃을 변경하기 어려울 수 있으므로 아파트 매입 전에 확인하는 것이 중요하다.

또한 부엌은 배관 공사가 필요한 설비가 많으므로 위치 이동 거리가 짧아야 비용을 절약할 수 있다. 이동 거리가 짧으면 배수관의 경사를 만들기 위해 바닥을 높여야 하는(천장이 낮게 느껴지는) 단점도 줄일 수 있다.

환풍기 위치를 옮기는 경우, 기존 배기구에 덕트를 어떻게 연결할 수 있을지 고민해야 한다. 배기구는 세대마다 실외에 직접 나와 있는 경우가 많지만 오래된 아파트는 가끔 각 세대의 배기구가 공용 덕트 공간에 연결된 경우도 있다. 또한 배기구가 천장 방향이 아니라 벽 방향으로 달린 경우도 있어 원하는 디자인의 레인지후드를 사용하지 못하는 경우도 있다. 부엌 형태와 레이아웃이 다양하므로 평면과 라이프스타일을 고려해 선택하자.

8

Kitchen

(부엌)

깔끔하고 편리한 부엌의
레이아웃은?

TIP

부엌을 어떻게 쓰는 스타일인지 생각한 후 레이아웃 선택. 숨기기 & 보여주기 수납을 섞어 물건을 쓰기 편하게

부엌과 테이블 배치 예시

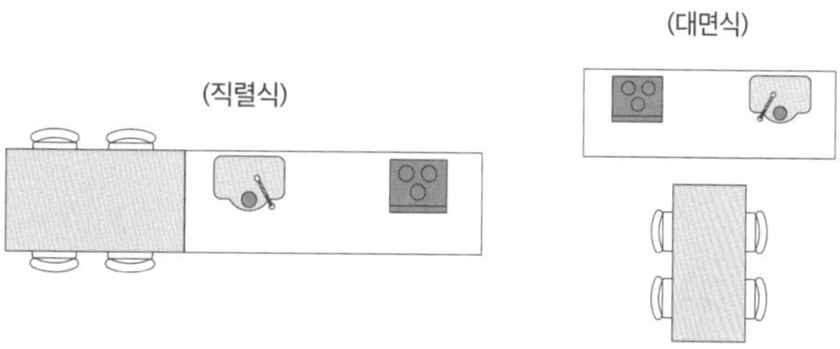

부엌 맞은 편에 식탁을 놓는 레이아웃은 편하게 이야기할 수 있어 인기. 카운터에 가림벽을 만들면 주방에서 볼 때 부엌 앞쪽이 가려진다. 부엌과 테이블을 나란히 놓는 직렬 배치는 부엌과 주방에 일체감을 주며 조리에서 상차림, 뒷정리까지 좌우 이동만으로 해결되어 작업 효율이 좋은 것이 특징. 부엌이 항상 보이므로 깔끔하게 유지해야 한다.

I 형 부엌에 작업대 겸 수납공간인 페닌슐라 카운터를 추가. 벽면에 오픈 선반을 설치해 '보여주는 수납'으로. (M 씨의 집)

작업 효율은 물론이고 가족이나 손님과의 커뮤니케이션 방법을 생각하는 것도 포인트. 특히 어린아이가 있는 경우에는 집안일을 하면서 항상 아이를 보고 싶은지, 돌아봤을 때 보이면 되는지에 따라 부엌 방향도 달라진다.

수납 계획도 중요. 특히 오픈 키친이라면 깔끔한 수납이 중요하다. 예를 들어 부엌 설비를 주방 쪽에 대면식으로 설치하면 뒷면의 벽을 수납 공간으로 쓸 수 있어 공간이 정리된다. 대면 부엌 카운터에 가림벽을 세우면 주변을 가릴 수 있어 깔끔하다. 싱크대 밑이나 카운터 밑에 쓰레기통 공간을 만드는 것도 추천한다.

보여주기 싫은 것은 감추고 디자인이 예쁜 그릇 등은 장식하면서 수납하면 세련된 분위기를 연출할 수 있다. '숨기기'와 '보여주기'를 적절히 섞어 물건을 편하게 쓸 수 있는 시스템을 만드는 것이 좋다.

한정된 공간 안에서 작업 면을 넓히기 위해 L형 키친으로. 서랍식 캐비닛으로 수납량도 확보. (T 씨의 집)

9

Washroom

(세면실)

숍이나 카페 같은
세련된 공간으로 만들고 싶다!

↓

TIP

한정된 공간이므로 좋아하는 부품이나 내장재를 조합하여 개성 있는 디자인으로

사이즈가 커서 다용도로 사용할 수 있는 실험용 싱크 볼, 모르타르 마감의 세면대, 검은 줄눈으로 마감한 서브웨이 타일로 남성적인 분위기를. (E 씨의 집)

아파트의 세면실은 대부분 기성제품을 설치하는 경우가 많은데 리노베이션을 한다면 독창적인 공간으로 만들어보기 바란다. 원하는 것을 시도해도 비용이 그리 많이 들지 않는다. 세면실 타일을 고르는 것도 즐겁고, 매일 사용하는 곳이므로 리노베이션을 한 뒤의 만족감도 크다.

세면 볼이나 수전 등의 부품을 하나씩 고르고 조합해 독창적으로 제작하는 경우가 많고 벽의 물이 닿는 부분*에는 타일을 붙이는 것이 인기이다. 바닥은 자기 타일이나 염화비닐제 바닥 타일(p.137 참조) 등이 주류.

목재 바닥이어도 욕실 매트를 깔면 문제가 없다. 벽은 비닐 벽지나 습기에 강한 회반죽 등이 인기다. 조습성이 높은 규조토를 세면실에 사용할 경우에는 제조사에 따라 성분 함유량이 다양하므로 곰팡이를 조심해야한다.

* 물이 닿는 부분 : 세면실에서는 수전 금구 주변의 벽이나 세면 볼 주위의 카운터 등.

10

Washroom

(세면실)

기분 좋게 사용할 수 있는
세면실을 만들려면?

↓

TIP

**환기 설비로 습기 방지.
가족이 많다면 다른 장소에
서브 세면 코너를
만드는 것도 편리**

* 이중 천장 : 천장 마감재(+바탕재)와 그 위의 콘크리트 슬래브 사이에 아이볼트 등으로 공간(천장 안쪽 p.128 참조)이 만들어져있는 천장 구조이다. 이 공간에 전기 배선이나 덕트 등이 지나간다. 이와 반대로 콘크리트에 직접 천장 마감재를 바르는 것을 '직천장(直天井:지카텐죠)'이라고 한다.

귀가하면 곧바로 손을 씻을 수 있도록 현관 바로 옆에 세면대를 제작. 큰 세면볼은 더러운 것을 담가 두었다 씻을 때도 편리. (S 씨의 집)

왼쪽 : 세면실과 화장실은 미닫이로 출입할 수 있도록 평면을 변경. (H 씨의 집)
오른쪽 : 창이 있으면 환기도 잘되고 환하다. (K 씨의 집)

아파트의 세면실은 창이 없는 경우가 많아 어쩔 수 없이 습기가 잘 찬다. 기본적으로 환풍기는 필수다. 만약 환풍기가 없다면 욕실이나 화장실 환풍기와 세트로 묶는 방법도 있으므로 리노베이션 할 때 설치하자.

천장이 이중 천장*이라면 비교적 간단하게 설치할 수 있지만 그렇지 않을 경우에는 천장을 낮춰야 한다. 게다가 욕실의 환풍기 덕트와 연결이 되지 않으면 설치 할 수 없는 경우도 있다.

세면실이 좁아서 아침 시간에 씻을 때 복잡하다면 세탁기를 부엌으로 옮기고 세면실을 넓히는 방법도 고려하자. 공간을 넓힐 수 없다면 다른 장소에 서브 세면 코너를 만드는 방법도 있다. 현관 옆에 두면 귀가하자마자 손을 씻을 수 있어 편리하고, 화장실 근처의 세면대는 손님도 부담 없이 사용할 수 있다. 욕실과 화장실에 약간의 아이디어를 더하여 생활의 불편함을 개선해보자.

11

Bathroom

(욕실)

낡은 욕실을 바꾸고 싶다.
주의해야 할 포인트는?

↓

TIP

재래 공법으로 시공할 수 없는 아파트도 있으므로 확인할 것. 유닛 바스 교체만으로 공간이 넓어지는 경우도 있다

• 재래 공법의 욕실 : 규격에 따라 공장에서 제조하는 유닛 바스와 반대로 콘크리트로 둘러싸인 욕실 공간에 방수 처리를 한 후 모르타르나 타일 등을 현장에서 시공하는 옛날 방식으로 만드는 욕실. 공간에 맞는 크기와 모양으로 만들 수 있으며 타일 등의 마감재 선택지도 늘어나 설계와 디자인이 자유롭다. 그만큼 비용이 많이 든다.

• 유닛 바스 : 조립식 욕실. 바닥, 천장, 벽은 물론 욕조, 변기, 수납장, 세면기까지 한 세트로 만들어진 것.

기존의 유닛 바스를 오더 유닛 바스로 교체. 유닛의 장점은 그대로 두고, 하얀색 타일을 붙인 세련된 욕실을 만들었다. (I 씨의 집)

아파트 욕실은 재래 공법의 욕실*에서부터 유닛 바스까지 다양하다. 아파트에 따라서는 유닛 바스만 선택 가능한 경우도 있으므로 관리 규약을 확인하자.

오래된 유닛을 새것으로 바꿀 경우, 원래보다 큰 유닛으로 설치했다는 사람도 있다. 이것은 유닛 바스의 사이즈가 다양해졌기 때문이다. 이전에는 콘크리트로 둘러싸인 욕실 공간과 유닛 바스 사이에 데드 스페이스가 생겼는데, 이제는 공간을 100퍼센트 활용할 수 있는 사이즈를 넣을 수 있게 된 것이다. 사이즈뿐만 아니라 와이드 스팬 타입 등 가로 세로의 비율도 다양해져 욕실을 넓힐 수 있는 가능성이 높아졌다. 욕실이 10㎝만 넓어져도 체감으로는 상당한 여유가 느껴진다.

12

Bathroom

(욕실)

획일적인 욕실을 좀 더
분위기 있게 만들고 싶다.

↓

TIP

**하프 유닛이나
오더 유닛이라는 선택지도
있다. 비용은 들지만
평면 변경도 가능**

세면실과 코디네이트한 오더 유닛 바스. 오더 유닛이라 칸막이를 유리문으로 자유롭게 디자인할 수 있었다. (I 씨의 집)

유닛 바스의 장점을 살리면서 욕실을 좀 더 예쁘게 꾸미고 싶다면? 욕실 공간의 하부만 유닛으로 설치하고 상부는 타일을 붙이거나 출입구 쪽을 유리로 만들 수 있는 하프 유닛이라는 선택지도 있다. 사이즈를 다양하게 변형시킬 수는 없지만 재래 공법의 욕실에 가깝게 디자인할 수 있다. 또한 비용은 조금 비싸지만 유닛을 주문하는 방법도 있다.

유닛 바스도 타일을 붙이는 등의 디자인을 주문하여 기존 공법과 같은 욕실로 만들 수 있다. 유닛 바스에 욕실 난방 건조기나 미스트 사우나 등을 설치하고 싶을 때 천장 안쪽(p.128 참조) 공간이 거의 없어 사용하지 못하는 경우도 가끔 있지만 대부분의 경우에는 설치할 수 있다.

특별히 욕실에 신경을 쓰는 경우에는 리노베이션으로 재래 공법의 욕실을 만들 수도 있다. 좁은 욕실 공간을 꼭 넓히고 싶다면 비용은 들겠지만 벽을 허물고 다시 지을 수도 있다.

13

Toilet

(화장실)

한정된 넓이지만 편하게 지낼 수 있는
공간으로 만들고 싶다.

↓

TIP

탱크 리스 변기는 공간을 넓게 쓸 수 있지만 위치를 옮기기는 어렵다

상 : 탱크 리스 변기를 선택하여 작은 공간이지만 압박감이 없다. 바닥의 타일과 벽의 페인트를 모두 블루로 통일. (M 씨의 집)
하 : 탱크 리스 변기를 설치하고 세면볼과 수납장을 추가. 한 면만 밝은 그린으로 칠한 악센트 벽은 DIY 시공한 것. (S 씨의 집)

아파트의 경우 대규모 스켈리턴 리폼*을 하더라도 위치를 많이 이동하기 어려운 곳이 화장실이다. 배수관이 다른 관보다 두꺼워 그 배관에서 멀리 떼어놓을 수 없기 때문이다. 기본적으로는 기존 배관 주변에서의 위치 이동 혹은 90도 회전 등으로 계획한다. 변기와 연결된 배수구도 바닥 면에 붙어 있는 경우와 벽에 붙어 있는 경우가 있는데 후자는 그 방향도 바꿀 수 없으므로 확인해 두어야 한다.

디자인이 예쁘고 공간에 여유가 생기는 탱크 리스 변기가 인기 있으며 슬림형 세면볼의 종류가 다양해 공간 절약형의 세련된 세면 코너도 만들 수 있다. 세면 코너 신설은 간단한 공사처럼 보이지만 급수와 배수를 모두 추가하는 공사이므로 의외로 비용이 많이 든다.

* 스켈리턴 리폼 : 집을 구조의 골격(스켈레톤) 상태로 만들어 평면을 바꾸는 등 전면적으로 리폼하는 것.

14

Toilet

(화장실)

청소하기 편하면서
인테리어도 예쁘게 하려면?

↓

TIP

내장재 선택과 디자인이 중요 관리하기 쉬운 소재로 색 & 무늬 등을 사용

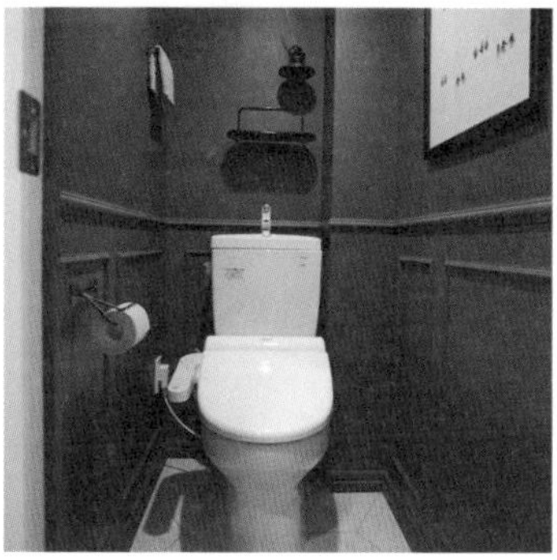

상 : 에스닉한 모자이크 타일 '코라벨'을 벽 한 면에 붙여 화려하게. 골드 배수관도 포인트. (E 씨의 집)
하 : 기존 변기를 그대로 사용하여 비용 절감. 벽면은 몰딩과 페인트로 우아한 분위기를 연출했다. 휴지 걸이와 수건걸이는 철제로 통일. (N 씨의 집)

화장실 내장은 청소하기 쉬워야 하는 것은 물론이고 손님도 사용하는 곳이므로 디자인도 중요하다. 이를테면 벽은 걸레질하기 쉬운 비닐 벽지를 쓰면서 한 면만 색이 있는 악센트 벽지를 사용하거나 타일을 붙여 수건이나 휴지 걸이 등의 액세서리 종류와 코디네이트 하는 것도 좋다. 바닥은 청소하기 쉬운 자기 타일이나 염화 비닐로 된 플로어 타일*이 인기다.

타일을 바를 때는 큼직한 타일을 선택하고 줄눈의 폭을 좁게 하여 청소하기 쉽도록 배려한다. 염화 비닐제의 쿠션 플로어*를 선택할 수도 있지만 변색될 수 있으므로 내구성이 높은 플로어 타일을 추천한다.

• 쿠션 플로어, 플로어 타일 : 쿠션 플로어는 염화비닐제 시트 형태의 바닥재. 중간층에 발포성 염화비닐이 사용되어 두께가 있고 탄력성도 있다. 시공하기 쉽고 가격도 적당하다. 플로어 타일도 마찬가지로 염화비닐제 바닥재이지만 내구성은 쿠션 플로어보다 높다. 둘 다 물에 강하고 청소하기 쉽다. 나뭇결이나 돌무늬 등이 실물처럼 프린트 되어 있어 디자인도 예쁘다.

15

Bedroom

(침실)

조건이 좋지 않은 침실을
쾌적하게 만들려면?

↓

TIP

**실내창이나 이너 새시로
채광 & 통풍 외에도
단열성과 방음성을 높여
숙면할 수 있는 공간으로**

사람의 왕래가 많은 입지라서 방음성을 높이기 위해 이너 새시를 추가. 단열성도 높아져 따뜻한 침실이 되었다. (V 씨의 집)

현관 봉당과의 사이에 유리 파티션을 설치한 침실. 빛을 충분히 받으면서도 아늑한 공간이 되었다. (H 씨의 집)

침실은 조건이 좋지 않은 경우가 많다. 하지만 건강하게 지낼 수 있는 공간으로 만들기 위해서라도 채광과 통풍을 철저히 확보해야 한다. 레이아웃 때문에 침실에 창이 없는 경우에는 실내창을 설치하여 채광과 환기를 할 수 있도록 연구한다.

침실 창이 공용 복도와 접해 있어 사람의 왕래나 발소리 등이 신경 쓰인다면 창문에 이너 새시(내창)를 달아 방음 효과를 높인다. 질감이 좋은 목재 틀의 창을 제작해 기존 새시 안쪽에 달아도 효과가 있다. 디자인이 예쁜 내창을 추가하면 침대만 들여놓은 심플한 방도 독창적인 인테리어가 가능해 애착이 생긴다.

16

Bedroom

(침실)

습기가 걱정인 침실.
결로 & 곰팡이 대책을 세우고 싶다.

↓

TIP

환기와 내장재에 신경 써 습기를 줄인다. 회반죽이나 규조토는 곰팡이 방지에 효과적이다

조습 효과가 높은 규조토를 벽재로 사용하여 친구와 함께 DIY로 시공. 거실과 인접한 벽에는 실내창을 설치. (M 씨의 집)

LDK와 연결할 수도 있고 닫아서 독립된 방으로도 쓸 수 있는 침실. 큰 유리를 넣은 문으로 LDK를 통해서도 통풍과 채광이 가능한 기분 좋은 공간으로. (I 씨의 집)

침실은 자는 동안 호흡을 통해 습기가 나오므로 결로 대책도 생각해야 한다. 결로 방지에 가장 좋은 것은 환기이다. 결로는 내버려 두면 곰팡이 등의 원인이 될 수 있으므로 앞에서 설명한 바와 같이 실내창을 설치해 낮에 환기가 잘 되도록 플래닝한다.

그리고 벽의 마감재를 조습 작용이 있는 회반죽이나 규조토로 쓰면 곰팡이 방지에 효과적이다. 특히 회반죽은 알칼리성이 강하기 때문에 곰팡이가 잘 생기지 않는다. 비닐 벽지 위에 칠할 수 있는 회반죽이 많으므로 리노베이션을 할 경우에는 비용을 절약하기 위해 기존 비닐 벽지 위에 칠하기도 한다.

초보자가 다루기 쉬운 상품도 나와 있어 DIY 하는 사람도 많아지고 있다(벽에 TV를 걸고 싶은 경우에는 보강 바탕재가 필요할 수 있으므로 리노베이션할 때 이야기한다).

17

Kid's Room

(아이방)

한정된 아파트 공간.
아이방의 적절한 넓이는?

↓

TIP

아이들의 성장에 맞춰 변경할 수 있는 플랜으로. 콘센트와 문틀 등을 준비해둘 것

상 : 나란히 놓은 로프트 침대 사이에 칸막이 문과 문틀을 설치. 원룸의 넓은 아이방으로 사용하다가도 언제든 문으로 막을 수 있다. 출입구에 미닫이문을 달았고 안쪽에는 거실과 연결되는 실내창도 있어 개방적인 공간이 되었다. (N 씨의 집)
하 : 나중에 아이방으로 나눌 수 있도록 플래닝한 봉당. 지금은 취미 공간으로 사용하고 있다. (S 씨의 집)

요즘은 아이에게 독방을 주는 시기가 예전에 비해 늦어지는 경향이 있어 아이가 혼자 방을 쓰는 기간이 10여 년 정도로 짧아졌다. 아이방을 플래닝할 때는 아이가 어릴 때나 독립한 후에도 융통성 있게 쓸 수 있도록 계획해보자.

아이가 어릴 때는 거실의 일부나 다른 용도의 공간으로 사용할 수 있도록 배치하고 나중에 2개의 방으로 나눌 수 있도록 준비할 것. 레이아웃을 쉽게 변경할 수 있도록 문, 조명의 배선이나 스위치, 콘센트 등도 플래닝해 둔다.

2개의 방으로 나눌 경우, 문이나 출입문을 처음부터 두 군데 달지 않아도 벽에 문틀만 준비해두면 OK. 벽이나 바닥을 철거하지 않고 문을 설치할 수 있으며 문틀을 설치한 벽면을 칠판으로 활용하는 등 효과적으로 쓸 수 있다.

18

Kid's Room

(아이방)

아이가 방에 혼자 있는 시간을 줄이고
함께 지내기 좋은 평면을 만들고 싶다.

↓

TIP

**장난감 코너나 학습 공간을
거실에 설치하는 방법도 있다.
에어컨을 새로 단다면
리노베이션할 때 상담하자**

거실 한쪽에 코너를 만들어 아이를 위한 공간으로. 제작한 선반에 그림책이나 장난감을 넣고 벽면에는 큰 칠판을 달아 재미있게. (S 씨의 집)

나중에 칸막이하여 방을 만들 수 있도록 설계한 거실과 이어진 아이 공간. 좋아하는 디자인으로 주문 제작한 가구에 장난감을 수납. (S 씨의 집)

요즘 아이방은 수면만을 위한 최소한의 공간으로 만들고 거실이나 주방에 학습 공간을 만드는 경우가 많다. 거실의 책상 코너는 그 장소를 사용하는 방법이나 동시에 앉을 인원 등을 확인하여 넓이와 레이아웃을 정한다. 그곳에 어떤 책을 둘 것인지, 장난감 등도 주변에 수납할 것인지, 컴퓨터 관련 배선은 필요한지, 가족이 어떻게 커뮤니케이션할 공간인지 등을 생각해보자.

오래된 아파트는 작은 방에 에어컨 설치가 어려운 경우도 있다. 그럴 경우 에어컨을 설치하려면 실외기를 두는 장소와 실외기에 연결할 배관 구멍을 확보해야 하므로 리노베이션할 때 상담해야 한다.

19

Storage

(수납)

수납 공간을 최대한
많이 만들고 싶다.

↓

TIP

수납 공간을 무턱대고
늘리지 말고 적당량만.
최근에는 가족이 함께 쓰는
패밀리 옷장이 인기

침실 안에 만든 부부 각자의 드레스룸. 문은 달지 않고 개구부를 '집'의 형태로 디자인해 재미있게. (N 씨의 집)

드레스룸의 미닫이문을 열면 거실까지 연결되는 워크 스루 타입. 통풍도 아주 잘 된다. (T 씨의 집)

대다수 가정에서 수납은 최대의 고민거리다. 리노베이션을 해도 수납 문제가 해결되지 않으면 생활의 스트레스가 없어졌다거나 생활이 풍요로워졌다는 실감이 잘 나지 않으므로 확실한 수납 계획을 세우도록 한다. 리노베이션할 때 가지고 있는 물건을 재검토하여 물건의 양과 처분할 수 있는 양을 파악하고 새 집의 수납 공간을 충분히 확보할 수 있도록 하자.

수납 공간을 무턱대고 늘리면 물건의 양도 거기에 맞춰 늘어난다는 사실에 유념하자. 적정한 장소에 적정한 양의 수납 공간을 계획해보자.

최근에는 각 방에 옷장을 만들기보다 가족 모두가 사용하는 드레스룸을 설치하는 것이 인기다. 작은 방처럼 되어 있고 거실이나 복도와도 직접 연결되는 '워크 스루' 타입으로 만드는 플랜도 있다. 의류 외에 여행 가방이나 선풍기, 난방 기구 등 계절용품도 함께 넣을 수 있는 창고 같은 역할을 한다.

20

Storage

(수납)

물건이 많아도 쾌적한
공간으로 만들려면?

TIP

붙박이장과 가구를 잘 활용하여 멋지게 '보여주는 수납'을. 드레스룸 내부도 시판 중인 수납 가구로 정리

리노베이션 전에는 물건이 넘쳐났던 LDK. 구조 기둥 사이에 무인양품의 스태킹 선반을 설치해 정리. 부엌은 붙박이 수납장으로. (N 씨의 집)

오래된 비계널과 검은색 선반 받침대를 조합한 커다란 오픈 선반을 거실에. 가족의 추억이 담긴 물건을 장식하거나 그림책과 책을 장식하듯 수납했다. (T 씨의 집)

거실은 장식하면서 수납하면 공간을 생기 있고 독창적으로 표현할 수 있다. 멋지게 '보여주는 수납 공간'을 만들 수 있다는 것도 리노베이션이 주는 즐거움. '숨기는 수납 공간'을 확실하게 만들면 집안을 깔끔하게 유지할 자신이 없는 사람도 자기만의 악센트 있는 공간을 만들 수 있다.

붙박이 가구는 생각보다 비용이 많이 들고 인테리어가 지나치게 통일되어 단조로운 이미지를 준다. 멋진 앤티크 가구 등을 수납에 활용해 멋있는 방을 만드는 것도 추천한다.

드레스룸 내부에 수납 가구와 소품을 활용하면 편리하다. 행거파이프나 선반만 제작되어 있는 경우는 내부에 의외로 먼지가 많이 쌓인다. 서랍 등을 제작하면 비용이 꽤 많이 들기 때문에 이케아 등 시판 수납 가구를 넣는 방법도 있다. 내부에 넣고 싶은 가구의 크기와 수 등에 대해서도 가능한 한 구체적으로 설계자에게 알리자.

21

Free Space

(프리 스페이스)

취미를 마음껏 즐길 수 있는
공간이 있으면 좋겠다.

↓

TIP

서재나 아틀리에를 만들어 독창적으로 활용하라. 향후 삶의 변화에도 대응할 수 있게 하는 것이 좋다

LDK 한쪽에 가족 모두가 연주를 즐길 수 있는 악기 공간을. 옆에는 아이가 안심하고 놀 수 있는 코너도. (M 씨의 집)

아이가 놀거나 공부하거나 PC 작업을 할 수 있는 멀티 공간. 나중에는 부부 침실로 사용할 계획이다. (I 씨의 집)

아틀리에와 라이브러리, 아이를 위한 공간 등의 프리 스페이스는 그 가족의 개성을 가장 잘 나타내는 장소다. 독창성 있는 재미있는 공간으로 계획하는 동시에 미래에는 아이방이나 침실로 변경할 수 있는 유연성도 필요하다.

문은 없지만 거실과 적당히 구분되어 있어 고립된 느낌이 나는 라이브러리나 서재 플랜이 인기인데, 아이방에 학습 공간이 충분하지 않은 경우에 아이가 공부하기에 편리한 공간이다. 거실과는 실내창이 달린 벽으로 막힌 경우가 많은데 실내창은 채광이 잘 되고 가족의 인기척도 느낄 수 있으며 세련되게 디자인하면 인테리어의 악센트가 되므로 추천한다. 여닫을 수 있는 여닫이창이나 돌출창* 등을 달면 환기도 가능하고 픽스창*은 비용을 절감할 수 있다.

* 돌출창 : 창을 바깥쪽(또는 안쪽)으로 밀어 개폐하는 창문
* 픽스창 : 개폐할 수 없는 채광용 창. 붙박이창

22

Free Space

(프리 스페이스)

자유롭게 쓸 수 있는 공간을
잘 활용할 수 있을지 걱정

↓

TIP

요즘 인기 있는 '바닥을 높이는 스타일'을 추천한다. 바닥을 한 계단 높여 다양하게 활용하기 좋다

칸막이 문이 달린 공간. 평소에는 가족이 모이는 장소로 개방되어 있지만, 문을 닫으면 손님용 방으로 사용할 수 있다. (N 씨의 집)

바닥을 한 계단 높인 공간은 아이의 놀이터로. 책장과 책상도 갖춰 라이브러리나 업무 공간(work space)으로도 활용할 수 있다. (T 씨의 집)

최근 들어 바닥을 높인 공간을 설치하는 플랜이 많아지고 있다. 특히 어린아이가 있으면 놀이 공간이나 낮잠 자는 공간으로 편리하며 어른도 잠깐 눕거나 빨래를 개는 등 여러 가지로 편리하다. 바닥을 한 계단 올리면 아래에 수납 공간을 만들 수 있고 소파나 의자에 앉아 있는 사람과도 눈높이가 맞아 대화하기도 편하다. 아이에게 방이 필요한 시기가 되면 아이방으로 또는 부부 침실로 쓰는 집도 있다.

반대로 원래 방이었던 곳에 마룻바닥을 깔고 프리 스페이스로 쓰는 경우도 있다. 마룻바닥으로 변경할 때 방음재 등을 넣어 관리 규약에 있는 방음 성능을 충족하면 가능하다.

Chapter

5

리노베이션할 때
인기 설비 & 내장재 카탈로그

부엌 & 욕실 등의 설비와 벽지 & 바닥재 등
내장재 선택은 리노베이션의 즐거움 중 하나.
각 업체의 히트 상품과 롱 셀러를 한자리에 모았다.

※ 가격은 소비세 8%를 포함한 가격이다.
배송료, 반입비, 설치비, 시공비 등은 포함되지 않았다.
※ 2019년 3월 시점의 가격으로 변경될 수 있다.

KITCHEN

시스템 키친

기능성과 디자인이 점점 진화.
다양한 종류가 있어 선택의 폭이 넓어졌다.

〈파나소닉〉

라쿠시나

조리와 정리가 편리한 기능이 가득

가스레인지 앞쪽에서도 작업할 수 있는 넓은 카운터와 관리하기 쉬운 유기 유리계 싱크 등이 매우 편리하다. 싱크는 9색, 문은 45색 등 풍부한 컬러도 매력. 정면 폭 243.5㎝, 부엌 부분, 참고 가격 191만 엔(베이직 플랜 정면 길이 255㎝, 약 85만 엔~)

〈산와컴퍼니〉

그래드 45

장인의 기술이 돋보이는 스테인리스제의 단정한 디자인이 인기

올 스테인리스의 아름다움과 군더더기 없는 디자인이 인상적인 이 회사의 인기 No.1 키친으로. '굿 디자인상'도 수상. 아일랜드형 · 다이닝쪽 수납 공간 있음 (정면 길이 210㎝). 69만 3700엔~

〈TOTO〉

더 크라소

'깨끗하게' 유지되는 아름답고 편리한 부엌

옵션으로 선택할 수 있는 아름다운 '크리스탈 카운터'와 뿌리기만 하면 제균이 되는 '깨끗한 제균수' 생성기가 인기. 캐비닛은 주문 제작 가능. 정면 길이 256.5㎝, 참고 가격 약 105만 엔

〈릭실〉

리셸 SI

디자인과 기능으로 '요리를 즐기는 부엌'을 만들다

아름다운 인테리어와 도구로서의 '사용하는 기쁨'을 추구. 열이나 손상을 걱정할 필요 없는 세라믹 상판, 관리하기 쉬운 쿼츠 싱크 등 부담을 줄여 주는 기능이 탑재. 정면 길이 255㎝, 안길이 65㎝, 86만 9400엔~

〈우드원〉

수이지

시간이 지나면서 멋이 더해지는 원목재 사용

약 10년 전에 탄생하여 오랫동안 인기를 얻고 있는 따뜻한 느낌의 원목재를 사용한 키친. 횡단면과 뒷면에도 우레탄 도료를 정성껏 칠했기 때문에 오염에 강하다. 정면 길이 439.5㎝, 부엌 본체, 130만 1832엔

〈클린업〉

스테디아

습기와 곰팡이에 강한 고급 스테인리스 캐비닛

전신(前身)은 35년간 165만 세트를 판매한 '클린 레이디'. 디자인을 바꿔 문 면재를 앤티크 풍으로 만든 분위기 있는 제품도 라인 업. 기능적인 수납이 돋보인다. 정면 길이 255㎝, 기본 플랜 86만 1840엔

〈이케아〉

메토드

다양한 부품으로 원하는 키친을

모두 부품을 단품으로 판매하므로 자신에게 맞게 조합이 가능. 상판이나 문 등의 소재와 디자인을 선택할 수 있는 것은 물론이고 캐비닛의 폭이나 높이도 자유롭게 조합. 정면 길이 240㎝, 아일랜드형, 47만 3600엔

KITCHEN

부엌 수전

사용 빈도가 높아 매일의 작업 효율에 큰 영향을 준다.
신중하게 선택해야 할 부품이다.

〈세라 트레이딩〉

VOLA 시리즈

위대한 디자이너의 불후의 명작

아르네 · 야콥센의 작품. 발매 초부터 변함없이 시간을 초월한 디자인이 세계적으로 지지를 받고 있다. 13색. 크롬 이외에는 수주 생산품. 12만 8520엔~

〈그로헤〉

민타

심플하고 단정한 형태가 인기

토수구가 높고 포트에 물을 붓기도 수월함. 헤드를 꺼낼 수 있어 샤워 토수로 전환해 싱크대 청소를 편하게 할 수 있다. 8만 1000엔

〈릭실〉

핸즈프리 수전

자동으로 물이 나오고 멈추므로 요리할 때 편리

손이나 물건을 가까이 대면 물이 나오는 터치 리스 수전. 싱크대에서 작업이 편하고 절수 효과도 있다. 고성능 센서로 감지 정밀도가 더 향상. 17만 1720엔

〈그로헤〉

제드라

세련된 형태와 기능성이 융합

깔끔한 원기둥형 바디가 존재감 넘친다. 레버의 움직임도 부드러워 수량이나 온도를 미세하게 조정할 수 있다. 토수구는 꺼낼 수 있다. 10만 2060엔

식기세척기

리노베이션은 가사 부담을 줄여주는
새 설비를 들이기에 좋은 기회이기도 하다.

〈밀레〉

식기세척기 G 6924 SCi

대용량이면서 최단 58분 만에 세척과 건조 완료

식기의 양이나 모양에 맞춰 조절할 수 있는 바스켓 디자인. 세척기 안의 그릇 양을 감지해 물의 양과 전력량을 자동 조절하므로 소량의 설거지도 안심. 61만 5600엔

〈파나소닉〉

빌트인 식기 세척 건조기

고성능 노즐이 세세한 부분까지 빠짐없이 세정

크기와 모양을 바꿀 수 있는 상부 바구니와 세정력 높은 노즐이 특징. 일부 기종에는 손이 더러워졌을 때 편리하도록 노크 2번으로 열리는 기능도 있다. 29만 520엔

〈가게나우〉

식기세척기 DI 250 461

최적의 조건으로 세척하는 6종의 세정 전문 프로그램 탑재

바스켓의 배열 방식과 옵션 제품을 사용하여 식기의 양과 형태에 유연하게 대응. 최근의 니즈에 맞는 대용량이며 풀 오픈으로 넣고 빼기 수월하다. 52만 7040엔

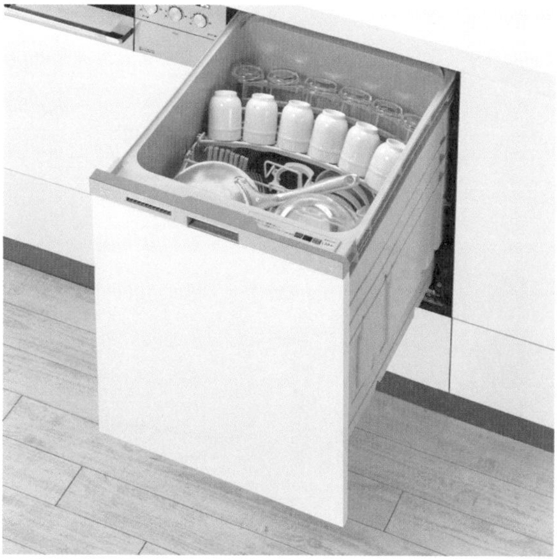

〈린나이〉

슬라이드 오픈 타입 식기 세척 건조기

대용량의 심형으로 조리 도구도 넣어 세척

대용량이면서 꽉 채워 수납할 수 있는 설계로 한 번에 많이 세척할 수 있다. 제품에 맞춰 모양을 바꿀 수 있는 랙과 자동 절수 기능도 호평. 21만 2760엔

KITCHEN

환풍기 & 후드

색이나 디자인으로 포인트를 만들거나
공간과 잘 어우러지는 것으로 선택.

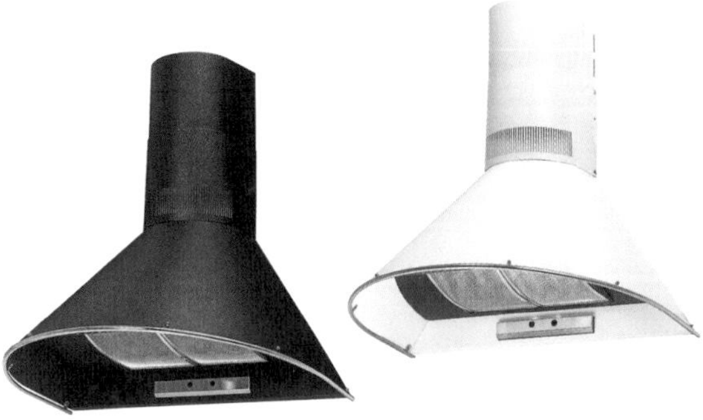

〈고바야시 목공〉

쿡 후들(Cook Hoodle)

곡선 디자인으로 부드러운 분위기 연출

기름 연기를 확실히 잡는 5층 필터와 유지분을 기름받이에 모으는 구조이며 청소가 불필요한 오리지널 팬 등 기능도 충실. 21만 6000~ 25만 3800엔

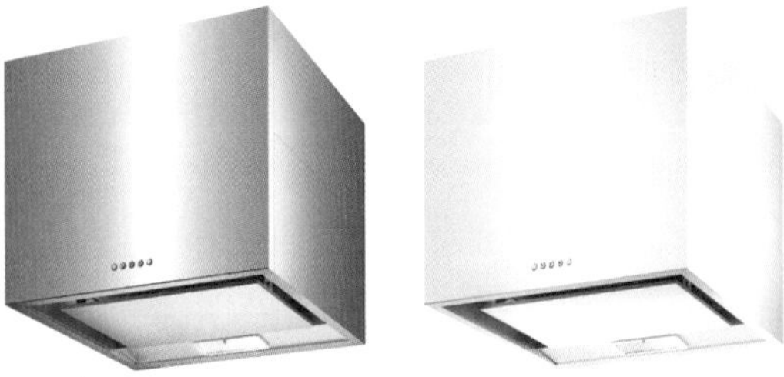

〈후지 공업〉

스퀘어 디자인 레인지후드 XAI 시리즈

스퀘어 형태가 심플한 부엌에 어울린다

스타일리시한 형태가 인기. 흡입력을 높이는 정류판과 필터로 기름 연기를 효율적으로 빨아들인다. 컬러는 화이트와 스테인리스. 오픈 가격.

〈아리아피나〉

페데리카(Federica)

이음매가 없는 샤프한 디자인이 매력

이탈리안 디자인의 일본 제품으로 시공과 유지 보수도 안심. 팬은 원터치 탈착이 가능. 25만 3800엔

〈산와컴퍼니〉

미니멀 플러스

콤팩트한 사이즈와 심플한 디자인을 추구

심플함으로 부동의 인기를 자랑하는 시리즈. 무광의 매트한 질감이 고급스러움을 연출. 컬러는 스테인리스와 매트 블랙도 있다. 3만 3800엔~

가스레인지 & 오븐

기능성과 안전성의 진화로 요리 시간을
줄여주는 도우미. 관리도 편하다.

〈밀레〉

전기 오븐 H 6461 BP

조리 성능이 높고 관리도 간단

대용량이면서 고르게 익는 기능성과 우아한 디자인이 시대를 초월해 인기. 더러움은 열분해를 통해 재가 되므로 세제로 관리할 필요가 없다. 53만 7840엔

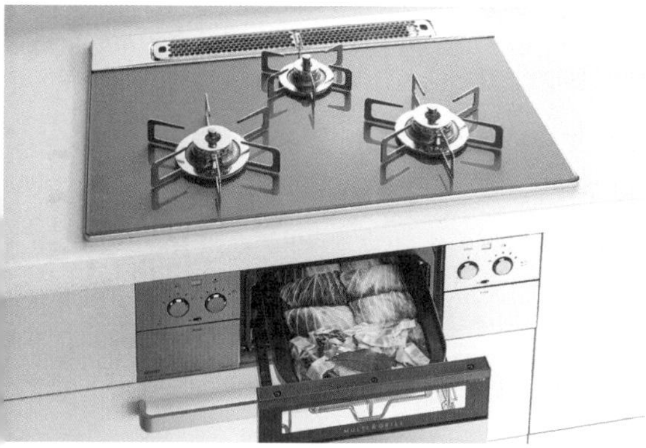

〈노리츠〉

피아토 멀티 그릴 (piatto multi grill)

다채로운 메뉴를 간단하게 만들 수 있다

자동으로 화력을 조정하는 '센서가 부착된 버너'를 탑재한 멀티 그릴. 5종류의 오토 메뉴 등으로 간단 조리 가능. 희망 소매가격 25만 3800엔~

〈린나이〉

드롭 인 가스레인지

마니아들에게 인기 있는 정통 가스레인지

스테인리스제로 내구성이 높고 녹에도 강하다. 전면 삼발이는 세련된 외형과 더불어 조리에도 편리. 온도 센서와 자동 소화 기능이 표준 장비. 15만 120엔

〈가게나우〉

IH 쿠킹 히터 Cook tops

바깥으로 새는 전자파를 억제하는 안심 설계

보온과 타이머 기능 등 직관적으로 사용할 수 있는 높은 조작성. '새는 전자파'가 적은 것도 오랜 세월 인기를 누려온 이유. 45만 9000엔

〈노리츠〉

스윙 오븐

오토 기능으로 넣기만 하면 요리가 완성

구이, 조림, 볶음이 가능한 오토쿡 기능이 있는 가스 빌트인 오븐. 자동으로 반죽 작업과 발효가 되므로 빵 메뉴도 가능. 36만 9360엔~

BATH & SANITARY

시스템 욕실

다양한 조합을 통해 필요한 기능을
취사선택할 수 있는 것이 매력.

〈산와컴퍼니〉

노움

인기 있는 인더스트리얼 스타일을 욕실에서도

5가지 컬러의 벽 패널을 선택 가능. 시멘트 느낌과 돌 느낌 등이 있다. 편안한 자세로 쉴 수 있는 욕조와 가로로 긴 거울 & 스테인리스 선반도 표준 장비. 세트 가격 32만 4000엔~

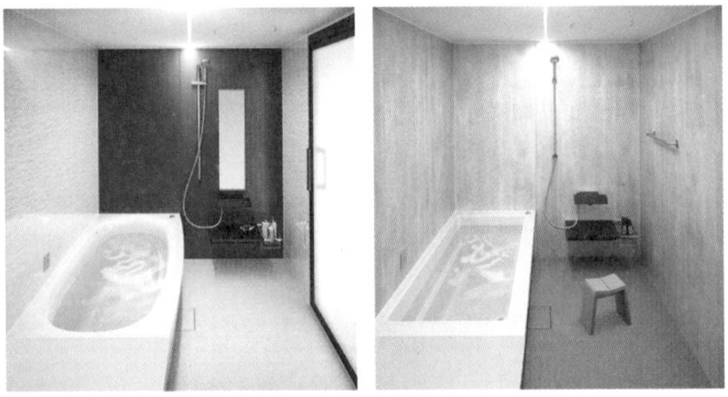

〈파나소닉〉

오플로라

관리하기 쉬운 설계로 언제나 반짝반짝

욕조도 수도꼭지도 카운터도 쉽게 더러워지지 않는 유기 유리계 소재로 청소가 편하다. 벽 패널과 조명의 종류도 다양. 세트 플랜 사례(1평 정도) 약 73만 4400엔~

〈TOTO〉

아파트 리모델링 욕실

쾌적함과 청소의 편리성을 추구한 욕실

더러움을 씻어내고 제균수로 마무리하는 '바닥 와이퍼 세척'과 부드러운 바닥 등 기분 좋은 기능이 가득하다. 179만 7876엔

〈릭실〉

스파주

물로 마사지하는 편안한 공간

오버헤드 샤워와 물 마사지 기능이 있는 '아쿠아 타워', 따뜻한 물이 어깨 높이에서 흘러나오는 기능을 탑재한 욕조 등 휴식을 취할 수 있는 욕실. 95만 8000엔~

샤워기

좋아하는 것으로 고르면 매일 하는 목욕이 즐겁다.
디자인에도 주목하자.

〈그로헤〉

릴렉사

기분에 따라 스프레이 패턴을 바꿀 수 있다.

핸드 샤워기 시리즈의 기본. 발포성이 부드러운 감촉이나 집중적으로 강한 자극을 주는 타입 등 5가지 타입을 다이얼로 바꿀 수 있다. 1만 8684엔

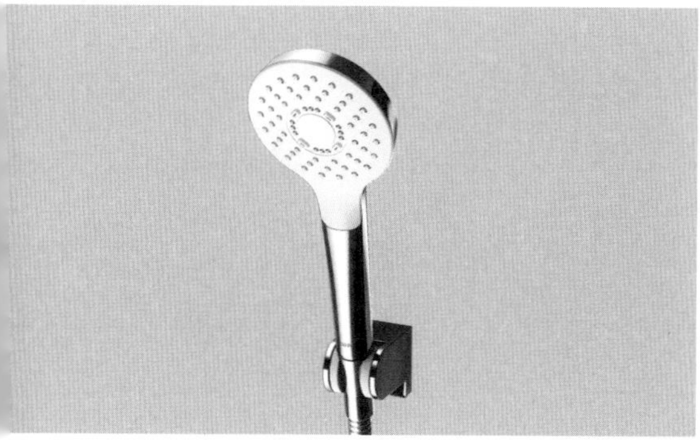

〈TOTO〉

컴포트 웨이브 샤워

절수하면서 힘과 자극은 제대로

독자적인 노즐이 굵은 물방울을 좌우로 흔들어 넓은 범위로 강하게 물을 분사. 수량을 억제해 물을 아끼면서 적당한 자극을 준다. 1만 2960엔

〈세라 트레이딩〉

CROMA SELECT 280 시리즈

매일 리조트에서 샤워하는 기분

핸드 샤워기와 오버헤드 샤워기 일체형. 추가로 설치하기 쉬운 형태라 리노베이션을 할 때도 손쉽게 호텔 같은 욕실로. 24만 6240엔

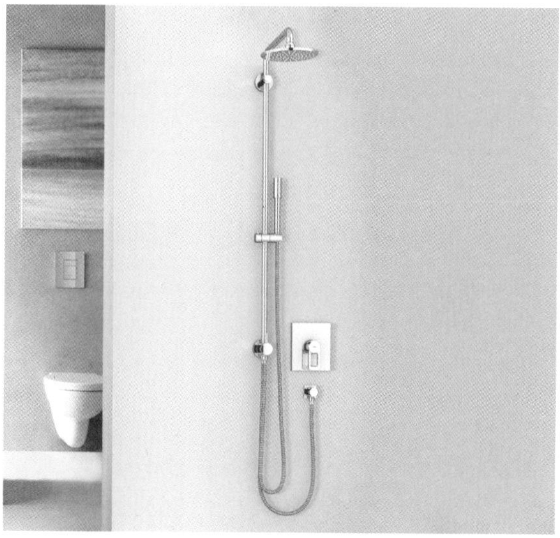

〈그로헤〉

샤워 시스템 다이버터 전환 타입

기존 부품을 활용해 호텔처럼

기존의 수전 금구를 활용해 메탈 호스의 세련된 샤워기로 바꿀 수 있는 상품. 오버헤드 샤워기를 달아 호텔 같은 욕실을 만든다. 11만 3400엔

BATH & SANITARY

세면대

수전이나 캐비닛 등이 세팅되어
토탈 코디네이트도 편리

〈TOTO〉

에스쿠아

세미 오더 감각으로 주문 제작 가능

세면 볼 위치 등이 다른 6개의 기본 플랜이 기본. 문 디자인과 수전 금구 등 좋아하는 부품을 조합해서 자기 취향대로. 약 30만 엔~

〈파나소닉〉

씨라인

사이즈와 색상이 풍부해 개성을 표현할 수 있다

다양한 정면 폭에 대응할 수 있어 자유롭게 플래닝할 수 있다. 솔로 칠한 느낌이 나는 새로운 컬러의 문 무늬도 인기. 정면 길이 75㎝ 세면대(네이비 오크 무늬) 24만 9480엔

세면 볼 & 수전

세면대를 제작한다면 부품 선택도 즐거움 중 하나.
다양한 종류 중에서 고를 수 있다.

〈세라 트레이딩〉

TR2 시리즈 SB5107

직선의 모서리가 얇은 디자인이 특징

식구가 많은 집에 안성맞춤인 와이드 타입. 도자기면서 테두리가 얇고 샤프한 모서리는 이탈리아 스카라베오(SCARABEO) 만의 기술. 세면기 15만 9840엔

〈TOTO〉

병원용 싱크대

다양한 용도로 사용할 수 있는 큼직한 싱크대

원래는 병원용으로 만들어진 상품. 심플한 외형과 편리함이 평판을 얻어 가정용으로도 인기. 신발을 세척하거나 담가두는 등 용도도 다양. 4만 392엔

〈그로헤〉

베셀 세면기

화장실에 딱 맞는 콤팩트 사이즈

볼은 바닥 면이 V자로 되어 있어 물 빠짐이 부드럽다. 가벼운 느낌의 수지 제품. 세면기 5만 1840엔

〈산와컴퍼니〉

픽서(Fixer) 컬러 수전

심플한 디자인과 합리적 가격

고급스럽고 매트한 마감과 심플한 디자인이 스타일리시하다. 매트 화이트도 있다. 2만 1900엔~

〈세라 트레이딩〉

ELSA 시리즈 HR 54260 S-PB

세세한 부분까지 신경 쓴 아름다운 마감

찬물과 더운물이 프랑스어로 표기된 부분과 레버 핸들은 도기. 사용할 때마다 우아한 기분이 드는 수전. 17만 1720엔

〈릴라이언스〉

알라페 바이 컬러

백색 × 흑색의 대비가 아름다운 세면기

법랑의 흰색과 나무나 돌 등의 내장재와 잘 어울리는 매트 블랙의 2가지 색을 쓴 것이 특징. 지름 45㎝의 넉넉한 사이즈. 세면기 21만 3840엔

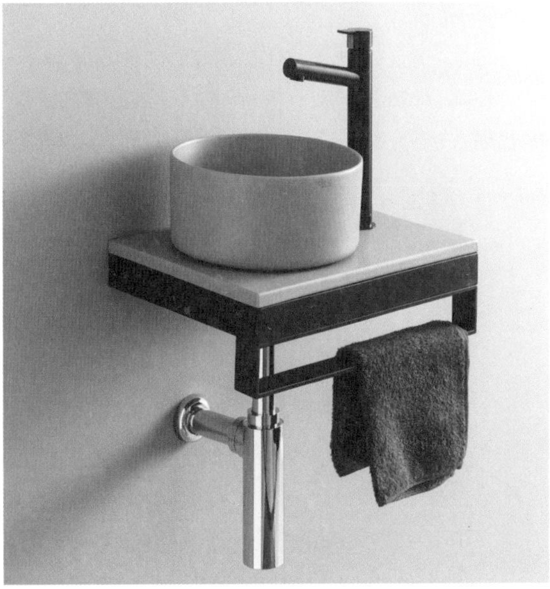

〈히라타 타일〉

치에로 미니 멀티 프로

기능미를 느낄 수 있는 콤팩트 디자인

지름 25㎝의 자그마한 볼 사이즈와 색깔이 인기. 볼과 카운터는 세라믹 제품으로 통일감이 있으며 수건도 걸 수 있어 기능적. 세트 가격 26만 2656엔

BATH & SANITARY

욕실 및 세면실 부품

세면실의 인테리어 & 기능 향상에 필수적인 아이템.
고르는 것도 즐겁다!

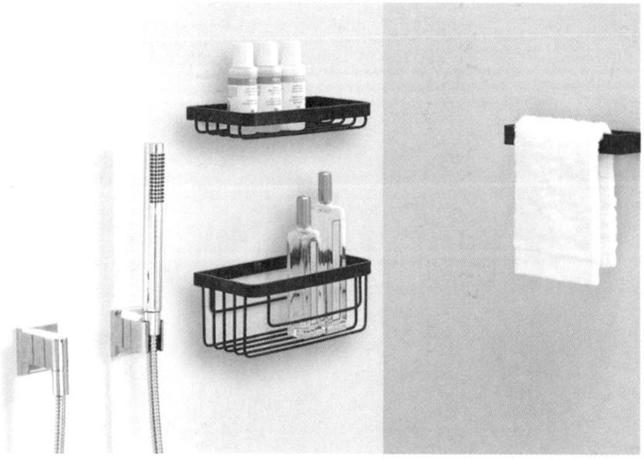

〈릴라이언스〉

프리미엄 R시리즈 매트 블랙

무광택 검정으로 감싼 스테인리스 제품

흐르는 듯한 라인과 면으로 구성된 도시적인 시리즈에 매트 블랙이 등장했다. 타월 링 8532 엔, 와이어 트레이 S형 1만 1880 엔, 동일한 M형 1만 3824엔

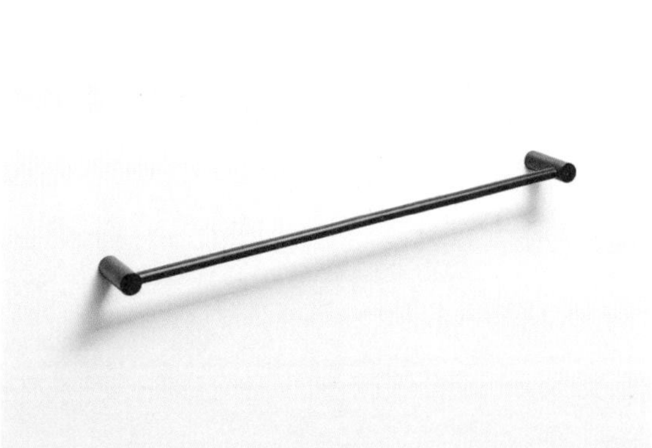

〈산와컴퍼니〉

투보

질리지 않는 섬세하고 가벼운 디자인

이탈리아어로 '파이프'라는 이름의 시리즈는 가느다란 원기둥 디자인과 고정 금구를 숨긴 것이 포인트. 실버와 화이트도 있다. 타월 바 2050엔

〈이케아〉

릴롱엔 거울

오픈 선반이 포함된 스타일리시한 거울

다크 브라운이 점잖은 분위기. 사이드와 하부의 오픈 선반은 자주 사용하는 물건을 두는 자리. 타월 등을 걸 수 있는 바도 편리. 4999엔

〈이케아〉

릴롱엔 거울 캐비닛

어떤 인테리어에도 잘 어울리는 미니멀 디자인

문을 닫으면 심플한 거울, 열면 내부에 충분한 수납을 할 수 있는 캐비닛. 선반은 이동 가능해 키가 큰 병 종류나 화장 도구도 수납할 수 있다. 7999엔

〈릴라이언스〉

타월 선반 R4605-400

스테인리스의 아름다움이 돋보이는 심플함

깔끔한 디자인이면서 우아한 공간을 만드는데도 한몫하는 수건 걸이. 3만 240엔

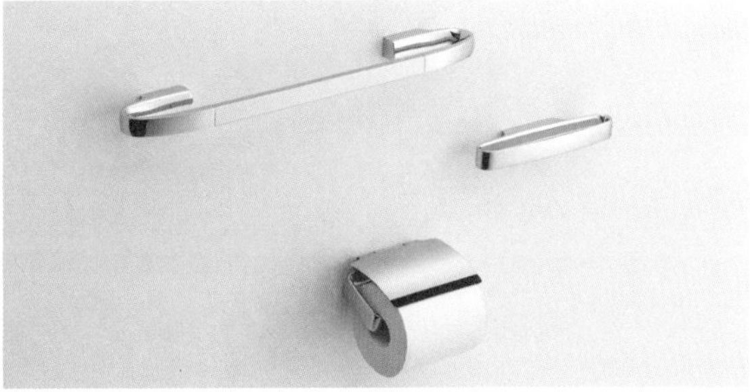

〈릴라이언스〉

2300 시리즈

둥그스름한 디자인으로 편안한 공간을 만든다

아름다운 커브는 0.1mm 단위로 조정해서 만든 것. 수건 걸이 6426엔, 수건 링 4266엔, 휴지 걸이 5346엔

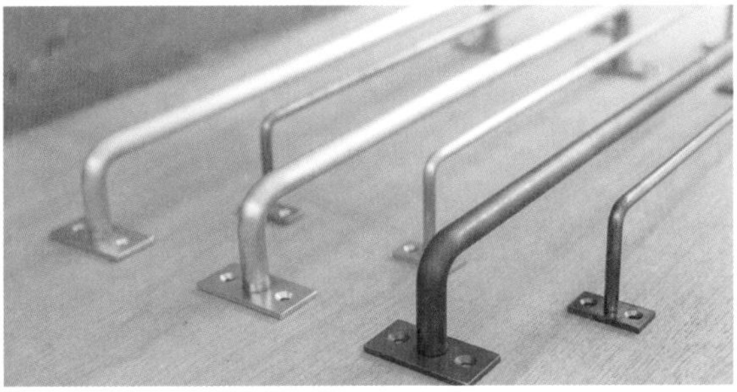

〈toolbox〉

행거 바

사이즈 주문으로 자기에게 맞는 사양을

길이는 20~90cm(굵은 타입은 40~120cm) 사이에서 주문 가능. 소재는 3종류, 굵기는 2종류 중에서 선택할 수 있다. 3300엔~

〈릴라이언스〉

수건 워머 TSN-R 시리즈

장마철에는 뽀송하게, 겨울에는 따뜻하게

방사열로 천천히 공간을 데워 수건이 매일 뽀송뽀송. 급격한 체온 변화로 인한 히트 쇼크(heat shock) 예방에도 효과적. 다이얼로 온도 조절도 간단. TSNR 060 14만 1048엔~

〈산와컴퍼니〉

LED 거울 아퀼라

별과 별자리를 모티브로 한 이탈리안 디자인

사이드의 스위치를 켜면 직선과 커브가 어우러진 LED 조명이 켜진다. 화장하기에 충분한 밝기이며 김서림 방지 히터가 부착. 4만 5000엔

BATH & SANITARY

화장실

한정된 공간을 효율적으로 활용할 수 있는
탱크 리스 타입이 인기.

〈파나소닉〉

아라우노

사용할 때마다 거품과 물줄기로 자동 청소

세제를 세팅해두면 물을 내릴 때 오염을 제거하는 거품이 나와 변기 안이 항상 깨끗하다. 뚜껑은 색이 있는 것도 있어 원하는 대로 고를 수 있다. L150 30만 엔~

〈릭실〉

프리어스 HS 타입

신소재로 오염 제거

오염이 말끔히 제거되고 물때도 끼지 않는 아쿠아 세라믹 제품. 넓고 깊은 세면 볼과 샤워 토수로 손을 편하게 씻을 수 있도록 설계. 23만 5000엔~

〈릭실〉

사티스

아름다움과 기능성을 추구
화장실을 쾌적한 공간으로

새것 같은 광채가 지속되는 아쿠아 세라믹 제품. 3개의 토수구를 통한 파워 스트림 세정과 물방울이 튀는 것을 방지하는 거품 쿠션 등 신기술을 탑재. G타입 32만 7000엔~

〈TOTO〉

네오레스트

최신 테크놀로지로 오염과 냄새를 억제

오염을 분해 & 제균하고 냄새까지 탈취하는 '깨끗한 제균수'로 청결을 유지. 화장실과 선반을 세트로 만든 '레스트룸 드레서(restroom dresser)'도 인기. 참고 가격 43만 920엔

PARTS

콘센트 & 스위치

매일 사용하는 것이니만큼 작은 부품은
더욱 신경 써서 고르고 싶다.

〈toolbox〉

토글 스위치

공업 디자인의 투박한 분위기가 매력

장인이 수작업으로 만든 알루미늄 플레이트에 비행기 조종석을 방불케 하는 토글 스위치. '톡'하는 손의 감촉이 기분 좋다. 사이즈도 다양하다. 4268엔~

〈toolbox〉

아메리칸 스위치

100년 이상 사랑받아온 미국의 대표적인 스위치

미국의 주택, 상점, 공공시설 등에서 오랫동안 사랑받은 심플하고 멋있는 스위치. 가성비도 좋다. 스위치 단품 410엔~

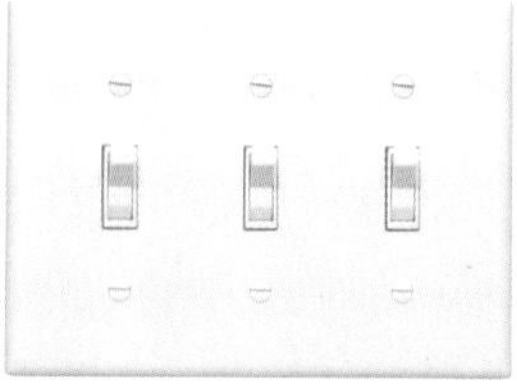

스위치 & 콘센트는 화이트와 블랙 2가지 색. 플레이트의 사이즈와 색상도 총 40종류가 있어 용도와 취향에 따라 고를 수 있다.

〈진보전기〉

NK SERIE 시리즈

늠름한 자태와 절도 있는 조작성이 인기

건축 공간과 조화를 이루며 조용한 존재감을 느낄 수 있는 단정한 디자인이 매력. 화이트, 그레이, 블랙 3색. 콘센트도 있다. 2322엔~

+1 ITEMS

리노베이션 공사에 맞춰 설치하면 좋은 가스 의류 건조기

가스의 강한 파워로 세탁물을 빠르게 건조할 수 있는 뛰어난 제품. 5kg는 약 52분, 8kg는 약 80분 만에 건조되므로 하루에 두 번 세탁해도 문제없다. 80℃ 이상의 온풍으로 건조해 덜 마른 냄새의 원인인 모락셀라 균도 제거. 린나이 가스 의류 건조기 '간타군' 5kg 형 13만 8240엔

LIGHTING

펜던트

공간의 악센트로 개성 있는 제품을
고르는 사람이 늘고 있다.

〈야마기와〉

크리스털 록

공중에 떠 있는 우아한 빛의 조각

이스라엘 출신 디자이너 아릭 레비(ARIK LEVY)의 크리스털 원석을 형상화한 LED 조명. 체코제 전등갓은 입으로 불어 수작업으로 만든 글라스 제품. 각 17만 2800엔

〈고이즈미 조명〉

스티머

존재감 있는 빈티지 풍이 매력

복고풍의 중후한 디자인. 빈티지 가구와도 잘 어울린다. 지름 41㎝ 외에 31㎝와 16㎝도 있다. 6만 3504엔

〈야마기와〉

MAYUHANA

이중 전등갓이 독창적인 빛을 연출

유리섬유와 수지 실로 누에고치 같은 섬세한 모양을 만들었다. 부드러운 빛이 아름다운 그라데이션을 만든다. 건축가 이토 토요의 디자인. 4만 8168엔

〈오데릭〉

AQUA 시리즈 Water

천장과 벽에 비치는 빛과 그림자가 환상적

사계절의 변화와 기후 풍토에 따라 모습을 바꾸는 '물'이 모티브. 흔들리는 수면과 같은 유리를 통해 환상적인 빛을 즐길 수 있다. 수제품. OP252 545LD 각 1만 8144엔

〈야마기와〉

람파스

여러 개의 전등을 달아도 잘 어울리는 모던 디자인

호야 크리스털 유리제조소의 디자이너 사사 후미오의 조명 복각판. 5만 4000~ 6만 9120엔

〈야마기와〉

틸트 시리즈

필요한 곳에 빛을 유도할 수 있는 펜던트

스포트라이트처럼 전등갓의 방향을 바꿀 수 있는 유니크한 제품. 흰색, 검정, 골드도 있다. 4만 8600엔~

〈고이즈미 조명〉

Filam

시즌 인테리어에 접목하기 쉬운 디자인

고재나 모르타르 등 하드한 소재를 사용한 공간에 어울린다. 여러 개의 전등을 달아도 잘 어울린다. 2만 2680엔

〈오데릭〉

펜던트 라이트 OP252 618LC

남성적인 리노베이션 공간에 어울린다

리노베이션용으로 선택되고 있는 빈티지풍의 필라멘트형 알전구 시리즈. 놋쇠 느낌의 앤티크 마감도 포인트. 1만 3824엔

〈오데릭〉

레트로 퓨처

따뜻한 질감과 모양

도장을 닦아내는 와이핑 마감으로 깊은 멋이 느껴진다. 통통한 모양도 편안한 분위기를 연출. 아이보리 색도 있다. OP252 230LD 1만 7064엔

LIGHTING

브래킷

설치 공사가 필요한 벽에 다는 조명.
리노베이션 할 때 공사를 추천.

〈toolbox〉

공업용 리셉

알전구가 작품이 되는 인더스트리얼 조명

원래는 공장이나 창고용 조명으로, 투박한 형태와 도료 얼룩도 분위기 있다. 천장과 벽에 노출시킨 메탈 배관과 함께 하면 더 강한 느낌을 준다. 소켓 2200엔~

〈야마기와〉

아플리크 아 볼렛 피보탄

알루미늄 플레이트를 기울여 빛의 양을 조절

샤를로트 베리앙이 자신의 산장 침실에 설치하기 위해 빛을 제어할 수 있는 브래킷으로 디자인. 여러 개를 설치하면 환상적인 장면 연출. 6만 1560엔~

〈고이즈미 조명〉

암 라이트

암은 세 군데에서 각도 조절이 가능

책상 위는 물론이고 LDK 벽면의 액센트로도. 전등갓 안쪽은 놋쇠색으로 도장. 4만 2984엔

〈야마기와〉

호프

유럽의 권위 있는 상을 받은 작품

폴리카보네이트가 빛을 굴절시켜 미묘한 차이가 나는 빛을 연출. 이탈리아제. 9만 1800엔

〈야마기와〉

램프 드 마르세유 미니

2개의 불빛으로 전등갓 아래 위를 비추다

르코르뷔지에가 설계한 마르세유의 공동주택을 위해 만들어진 브래킷을 복각. 수주품. 13만 5000엔

천장 등 & 기타

천장에 다는 조명에는 다양한 종류가 있다.

〈오데릭〉

실링 라이트 OL291 362BC

공간에 어울리는 슬림한 천장 조명

거실의 주 조명으로 충분한 밝기를 확보하면서 다운라이트에 한없이 가까운 4.4㎝의 두께를 실현. 별도 판매되는 리모컨으로 조광 & 조색도 가능. ~4평. 4만 2120엔

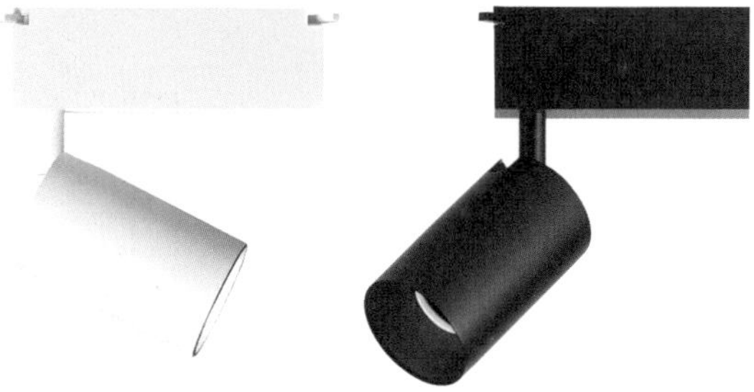

〈야마기와〉

GEM 60 SPOT LED spotlight

좁은 곳부터 매우 넓은 곳까지 비추는 범위가 4종류

지름 6㎝의 실린더형 등기구인 심플한 소형 스포트라이트. 각각 4종류의 배광(配光)과 광색(光色)으로 용도에 맞게 최적의 빛을 선택할 수 있다. 각 2만 3760엔

〈오데릭〉

샹들리에 OC257 122LC

향수를 불러일으키는 전등

따뜻한 전구색의 LED 필라멘트 전구를 개성 있게 구성. 놋쇠 풍의 앤티크 마감이 인더스트리얼 공간과 잘 어울린다. 6만 4584엔

〈오데릭〉

OB255 227F

공사 없이 간접 조명 실현

존재감을 억누른 콤팩트 디자인. 공사 없이 천장면과 벽면에 간접광을 만들 수 있다. L1200 타입(폭 128㎝) 3만 2184엔

연결해 사용하면 건물과 일체화된 간접 조명을 쉽게 연출할 수 있다.

WALL

벽지

조금 모험적인 색상을
벽의 한 면에 사용하는 것도 인기.

〈산게쓰〉

리저브 필름 오염 방지·항균 벽지

닦기 쉽고 생활 흠집도 잘 생기지 않아 기능적

수성 펜이나 음식물로 인한 더러움을 중성 세제로 지울 수 있는 벽지. 식품 포장 소재로 만든 라미네이트 벽지라서 항균성도 있으며 냄새와 흠집을 방지한다. RE-7625 1177엔/㎡

〈WALPA〉

스크랩 우드 월 페이퍼

폐재를 모티브로 공간을 캐주얼하게 연출

네덜란드 가구 디자이너의 폐재를 모티브로 한 벽지. 1m 내에 같은 나뭇결이 없으며 자연스러운 빈티지 느낌이 세계적으로 인기. PHE-03(48.7㎝ 폭) 3888엔/m

* 폐재(廢材 : 한 번 사용한 목재)

〈산게쓰〉

리저브 나뭇결 · 인조 가죽

튀지 않는 나뭇결이 잘 어울린다

흰색을 베이스로 한 차분한 나뭇결이 내추럴한 방에 적당한 악센트. RE-7511 1177 엔/㎡

〈WALPA〉

마인드 더 갭

정글에 있는 듯한 비일상적 느낌을 연출

격자창 너머로 그려진 열대 식물. 유명인이 소개해 크게 히트. Orangerie WP20176(156㎝× 3m) 2만 3760엔

〈WALPA〉

리틀 더치

차분한 귀여움으로 부모와 아이 모두에게 인기

동식물을 모티브로 한 부드러운 하늘색 벽지. 아이방에 인기. Adventure mint 8677(53㎝×10m) 8640엔

페인트

외국 주택 같은 분위기를 낼 수 있는 페인트 벽.
바탕재 처리는 전문가에게 맡기고 DIY.

〈컬러웍스〉

Hip

안전성과 내구성이 뛰어나며 다양한 컬러 배합

1488색 중에서 고를 수 있으며 냄새가 적은 벽 전용 세라믹 수성 도료. 광택의 종류는 3가지이며 매트 타입은 조명의 빛을 부드럽게 부각시킨다. 0.9ℓ 4298엔~

〈컬러웍스〉

자석 페인트

벽이 자석 보드로. 색으로 재미있게 마감

녹슬지 않는 철의 미세 입자를 함유한 베이스를 3번 칠하고 컬러로 덧칠해 마감하면 자석을 쓸 수 있다. 베이스 도료 0.5ℓ ¥5554, 덧칠 컬러 0.2ℓ(총 7색) 1296엔

〈컬러웍스〉

가케루 페인트

분필로 쓸 수 있는 칠판 페인트

마감한 부분이 분필 보드가 되는 도료. 가족 커뮤니케이션 도구로 인기. 악센트 컬러에서 다크 컬러까지 7가지 색. 0.9ℓ 4104엔

WALL

타일

욕실과 부엌 등에 강하며 모던, 레트로 등 취향에 맞게
벽을 연출할 수 있는 것이 매력.

〈릭실〉

에코 캐럿 플러스

석재와 흙 등 다양한 취향의 조습 타일

습도가 높으면 습기를 흡수하고 건조하면 습기를 방출. 결로와 곰팡이의 발생을 억제하여 실내를 항상 쾌적하게. 탈취 효과도 있으며 물걸레질도 OK. 5800엔~/㎡

〈히라타 타일〉

올드 프랑세 브릭(Old Français Brick)

손으로 만든 듯한 질감이 인기

리노베이션용으로 인기 있는 복고풍의 직사각형 타일. 솔로 수작업하여 칠한 것 같은 얼룩진 색채와 균열이 멋있다. 총 5색. OF-5-R(갈색) 1만 6200엔/㎡

photo : KOZO TAKAYAMA

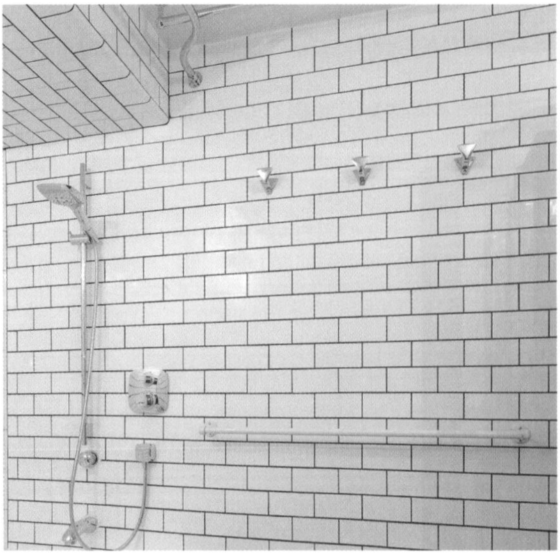

〈COMPLEX UNIVERSAL FURNITURE SUPPLY〉

서브웨이 세라믹스

현재도 뉴욕 지하철에 쓰이는 서브웨이 타일

NY 서브웨이 타일을 충실하게 재현. MADE IN AMERICA를 고집하며 지금도 옛날 그대로의 제조법으로 만들어진다. 일반 타일 40매들이 1만 8144엔

〈히라타 타일〉

플래처

화살처럼 퍼져나가는 3종 피스의 모자이크 타일

천연석과 2종류의 자기로 구성된 샤프한 디자인의 타일이 벽면을 입체적이고 모던하게 연출. FRC-DS 2만 4624엔/㎡

〈나고야 모자이크 공업〉

캠프 디젤

패션 브랜드에서 시작된 신선하고 고급스러운 텍스처

'디젤 리빙'의 세계관을 표현한 신감각 타일. 데님을 연상시키는 시크한 컬러와 석조 무늬가 매력. ISC-F1020·F1070·F1071 8640엔/㎡

〈나고야 모자이크 공업〉

파베 모자이크

보석처럼 반짝이는 우아한 세계관

대리석, 유리, 도자기가 어우러져 빛을 발하는 모자이크 타일. 총 12색이 있으며 시크하게도 캐주얼하게도 마감할 수 있다. LSN-R2111 3만 7800엔/㎡

〈히라타 타일〉

오리엔탈

옛날 모자이크 타일을 심플하게 표현

일본에 옛날부터 있던 모자이크 타일을 현대식으로 변형. 미묘한 색의 차이를 즐길 수 있으며 다양한 분위기에 다 어울린다. ORT-64 1만 8144엔/㎡

+1 ITEMS

판벽도 컬러풀하게! 주목할 만한 우드 소재

뉴질랜드 파인을 사용하여 나뭇결을 돋보이게 하는 전통기법을 가한 고급스럽고 따뜻한 느낌의 목재에 선명한 색과 무늬를 더한 내장재. 독창성이 풍부한 공간을 만들 수 있다. 색상은 총 88색, 벽재 외에 바닥재도 있다. 우드 원 'KITOIRO' 벽, 4만 1688엔/㎡

FLOOR

플로어링재

최신 기술로 아파트에 쉽게 도입할 수 있는
상품으로 라인업.

〈아사히 우드텍〉

라이브 내추럴

바닥재 브랜드로 최대 히트

02년 발매 이후 1000만 평 분량 이상을 판매한 천연목 복합 플로어링. 블랙 체리(사진)와 오크 등 9종. 퓨어 하드 도장, 1만 2117~1만 8327엔/㎡

〈toolbox〉

비계널

사용한 흔적이 있는 러프한 소재감이 인기

공사 현장에서 발판으로 사용되던 삼나무 판을 세척한 후 줄질하여 상품화한 것. 상처와 얼룩, 페인트 흔적 등이 공간에 멋을 더한다. 4485엔~/㎡

〈아사히 우드텍〉

라이브 내추럴 프리미엄

천연목 플로어링재로 최초 굿 디자인 상을 수상

원목을 2mm 두께로 잘라 표면 화장재로 사용. 블랙 월넛(사진) 등 6종. 스탠더드 1만 6923~3만 2076엔/㎡

〈마루혼〉

티크 원목 플로어링

내구성이 높고 중후한 느낌이 물씬

천연의 유분을 풍부하게 함유한 식림된 양질의 티크를 상품화. 가혹한 환경에서도 견딜 수 있는 강인함과 중후한 느낌이 인기. 1만 5120~ 2만 8080엔/㎡

〈산와컴퍼니〉

에베로 플랑크

비용을 낮추면서 아름다운 나뭇결을 즐길 수 있다

트렌드 컬러를 소박한 목질감으로 표현한 바닥 난방 플로어링. 내수성과 내마모성이 뛰어나고 30㎝ 폭의 대형 사이즈로 벽에도 사용 가능. 2990엔/㎡

〈파나소닉〉

아키스펙 플로어

디자인이 예쁜 슬라이스드 베니어 플로어링

슬라이스드 베니어의 피스를 조합하여 헤링본 등의 클래시컬한 패턴으로 시공한 바닥재. W 패킷 A 스퀘어 블록 세트 오크 색 1만 3418엔/㎡

〈릭실〉

라싯사D 플로어 방음 바닥

아래층에 전달되는 생활 소음을 억제

특수 쿠션재를 사용한 방음 바닥. 엠보스 가공한 '푹필 마감'으로 걸을 때 원목 같은 느낌. 총 18색. 1포장(3.19㎡) 4만 9680엔

photo : Masanori Kaneshita

〈toolbox〉

라스 오크 플로어링

원목처럼 보이고 관리하기도 편리

나무가 가지는 표정은 살리면서 흠집이나 더러움에 강하고 시공비도 저렴한 바닥재를 목표로 개발. 적당히 마디가 있는 오크의 두꺼운 단판을 사용하여 질감 좋게 마감. 4980엔/㎡

FLOOR

바닥 타일

욕실과 부엌 등을 모던하게 연출할 수 있는
바닥용 타일. 청소가 편하다는 장점이 있다.

〈나고야 모자이크 공업〉

마블 랩

유광과 무광을 선택할 수 있는 석조 타일

유광 타입(사진은 FIA-AC1350P)과 무광 타입이 각 6종 있으며 진짜 대리석 같은 모양이다. 타일 밑바탕에 무늬가 들어간 유약을 침투시켜 열화를 방지한다. 1만 9224엔/㎡

〈나고야 모자이크 공업〉

파르네제

작은 대리석을 박아 놓은 듯한 부드러운 느낌

콘크리트에 대리석을 박아 넣은 인기 있는 베네치안 테라조(인조석)를 본뜬 자기질 타일. 가로 세로 약 30㎝의 사용하기 쉬운 사이즈. VIS-S1830 9504엔/㎡

〈히라타 타일〉

익스트림

고급스러운 느낌과 기능성이 높은 기본형

무유 타일(유약을 바르지 않고 마감한 타일) 특유의 부드러운 질감이 거주 공간에 안성맞춤. 심플하면서 예쁜 발색도 오랫동안 인기. 가로 세로 약 60㎝의 대형 사이즈. 206V·6060 1만 3824엔/㎡

〈나고야 모자이크 공업〉

에클레티코

색상을 선택해 다채로운 표정으로 마감할 수 있다

앤티크 풍으로 마감한 대리석조 타일. 같은 색으로 모아도 좋고, 색을 배합해 균등 믹스(사진은 TAQ-M 7940, 7950, 7960)해도 좋다. 2만 1600엔/㎡

카펫 & 쿠션 플로어

관리하기 쉬운 것이 매력인 쿠션 플로어.
카펫은 휴식 공간에 안성맞춤.

〈산게쓰〉

쿠션 플로어 HM-4116 & 4117

인기 있는 디자인 회사와의 콜라보 시리즈

모노톤으로 완성해 유아스럽지 않은 '폴카 도트'(상)는 세면실에 잘 어울린다. '프렌치 앤 티크 타일'(하)은 전통적인 타일 무늬를 스타일리시한 색조로 표현. 각 3078엔/㎡

〈산게쓰〉

롤 카펫 산 펜타곤 니트

항균 및 탈취 기능으로 휴식 공간을 쾌적하게

광촉매 티탄 아파타이트를 사용해 울에 가까운 질감. 바이러스나 세균, 알레르기 물질을 분해해 악취 제거 기능도. 침실과 아이방에. PE-56 5724엔/㎡

〈산게쓰〉

쿠션 플로어 말리

절묘한 색상이 북유럽 인테리어에 어울린다

북유럽 헬싱키에서 많이 사용되는 스모키 색채를 리드미컬하게 배치한 타일. 절묘한 얼룩과 초벌구이의 질감 표현이 좋은 평가를 받고 있다. HM-4002 3078엔/㎡

DOOR & WINDOW

창호

기존 문이나 수납장 문은 개성이 없다.
리노베이션을 통해 독창성을 발휘해보자.

〈파나소닉〉

베리티스 크래프트 레이블

세세한 부분까지 신경 쓴 전통적인 디자인

1950~60년대 문의 이미지를 살린 것으로 손잡이와 채광부의 디자인도 섬세하고 다채롭다. 시판 도료로 페인트칠을 할 수 있는 상품도 있다. 세트 가격 5만 8320엔~

〈우드원〉

피노아스

원목의 매력을 최대한으로 끌어낸 문

원목재만 고집하는 제조업체의 높은 기술력으로 아름다운 나뭇결과 부드러운 촉감을 만들어냈다. 도장할 자연 도료를 선택할 수 있다는 것도 좋다. (왼쪽) 23만 5008엔~ (오른쪽) 17만 3556엔~

〈산쿄 알루미늄〉

리베르노 실내 미닫이문

리노베이션형 미닫이문

상부에 매달아 미끄러지듯 이동시키기 때문에 아래쪽에 레일이 필요 없는 아웃 세트 사양. 요즈음 인기있는 봉당 공간에 적격. 현관문 타입 10만 2600엔

〈릭실〉

라싯사 데코마도

아이언 블랙이 돋보이는 파티션 & 실내창

이너 테라스나 LDK에 인접한 워크룸 등에 안성맞춤. 빛과 바람이 통하는 개방적인 집으로. 1열 1단 7만 1280엔~

〈산쿄 알루미늄〉

리베르노 50I 클로젯

인더스트리얼한 분위기를 살린 스타일

사용감 있는 금속조의 질감이 인기인 창호 시리즈에 옷장 문이 등장. 접이식 문, 여닫이 문, 미닫이 문 중에 선택할 수 있다. 3장 접이식 문 14만 5800엔

〈산와 컴퍼니〉

쿼드로 슬림

디자인이 우수한 유리 파티션

알루미늄 테두리를 최대한 얇게 만들고 손잡이를 일체화. 인접해 있는 공간과 연결된 느낌을 주면서 공간 구분이 가능. 테두리 색은 흰색과 검정 2가지. 4장 미닫이 23만 7000엔~

STORAGE

수납 공간

쉽게 어질러지는 물건들의 수납은
리노베이션을 계기로 재점검.

〈산와 컴퍼니〉

피타라

공간에 맞춰 밀리 단위로 사이즈 주문

450~1800mm 사이에서 폭을 1㎜ 단위로 주문할 수 있는 캐비닛. 높이와 안길이는 각각 3가지 타입. 컬러는 흰색과 3종의 나뭇결 무늬로 총 4색. 1대 2만 1400엔~

〈toolbox〉

막대 선반 받침대

보기에 깔끔. 콤팩트한 선반 받침대

인테리어에 방해가 되지 않는 막대 모양의 선반 받침대. 안길이 10㎝ 정도의 작은 선반이나 좁은 장소의 선반에 활용할 수 있다. 단독으로 후크처럼 사용하는 방법도 있다. 1개 1980엔~

〈이케아〉

알고트

공간과 목적에 맞게 자유롭게 만들 수 있다

지지대에 브래킷을 끼우고 선반널과 바구니를 설치하는 수납 시스템. 부품 추가도 간단. 팬트리나 옷장 안에도 추천. 세트 가격 2만 4600엔

〈이케아〉

모슬란다 아트 장식 선반

작은 벽선반이 디스플레이의 주인공

튀지 않는 디자인으로 작품을 돋보이게 하는 하얀 장식 선반. 바닥 판 부분에 홈이 있어 작은 액자 등을 알맞은 각도로 조정할 수 있다. 55㎝ 399엔, 115㎝ 1499엔

〈이케아〉

스발네스

작업 효율이 향상되는 책상을 겸한 수납 가구

벽 붙박이식 워크 스페이스 콤비네이션. 오픈 선반으로 보여주는 수납을 즐기며 서랍과 문 안에는 자잘한 물건을 수납. 세트 가격 3만 6980엔

〈릭실〉

비터스

정리 방법과 양에 따라 집안의 모든 수납을 플랜할 수 있다

'보여주기'를 즐기는 선반과 '정리'를 철저히 할 수 있는 문과 서랍 등 부품을 조합하여 자신에게 맞게 표현. 현관이나 욕실, 부엌에도 사용 가능. 7만 6248엔~

Chapter

6

아파트 리노베이션 전문 업체 선택 요령

리노베이션의 성공을 크게 좌우하는 것이 바로 설계·시공업체.
업체를 선택할 때 고려해야 할 점에 대해 알아보자.

COMPANY
GUIDE
1 GOOD LIVING
2 BASIC KNOWLEDGE
3 CONTENT OF EXPENSE
4 POINT AND IDEA
5 THE LATEST CATALOG

RENOVATION COMPANY

HOW TO FIND

실패하지 않는 업체 선택 요령

아파트 리노베이션 성공의 열쇠는 업체 선택.
자신과 잘 맞는 파트너를 어떻게 찾아야 하는지 그 힌트를 소개한다.

1 POINT 원하는 것을 얻을 수 있는 파트너를 고른다

PARTNER

아파트 리노베이션을 하는 회사는 다양하다. 또 각자가 잘하는 분야가 있다. 이상적인 플랜을 실현하기 위해서는 우선 자신이 무엇을 중요하게 생각하는지를 확실히 정하고 그 분야에 뛰어난 업체를 선택하는 것이 정답이다.

아이디어나 설계 능력이 필요하다면 건축가가 운영하는 설계 사무소나 평면 변경을 많이 해 본 리노베이션 회사가 좋다. 특히 평면을 처음부터 다시 플래닝하는 스켈리턴 리모델링을 원한다면 플래닝 제안 능력이 뛰어난 파트너를 찾아야 한다. 비용을 절약하고 세세한 도움을 바란다면 현지 시공업체에, 설비 기기 교체가 주를 이룬다면 설비점 계열의 리모델링 회사가 유리하다. 이처럼 자신이 원하는 것을 들어줄 수 있는 파트너를 고르는 것이 성공의 지름길이다. 무엇을 우선할 것인지 가족과 충분히 의논해 보기 바란다.

아파트 리노베이션을 위한 주요 업체

1

종합적인 지원 능력과 풍부한 경험이 최대의 매력

리노베이션 회사

아파트 리노베이션을 전문으로 하는 만큼 실적이 풍부한 회사가 많은 것이 특징. 아파트 특유의 구조에 강한 부분도 많으며 원스톱(창구 일원화) 리노베이션을 하는 회사에는 아파트를 찾는 작업부터 의뢰할 수 있다.

사내에 전속 파이낸셜 플래너를 두고 주택 대출에 대한 조언 등 자금 계획 전반을 지원하는 회사도 있다. 리노베이션 각 단계에서 전체적인 지원을 원하는 경우에 적합하다.

2

무엇이든 친절하게 고민해 주는 의지할 수 있는 파트너

설계 사무소

독창성 있는 플랜과 훌륭한 디자인의 주거 공간을 원하는 사람에게 인기 있는 의뢰처. 부분 리모델링보다 평면 변경을 포함한 리노베이션을 하는 것이 장점을 살릴 수 있을 것이다.

일반적으로 공사비의 10~15% 정도 설계비가 들지만, 공사를 맡긴 시공사의 견적이 적정한지 확인해주거나 현장에 입회하여 도면대로 공사가 진행되고 있는지 확인(시공 감리)해 주는 것이 큰 매력. 아파트 검토 단계부터 상담하는 것도 추천한다.

3

대기업 특유의 안정감과 제안 능력 고품질의 건축 자재가 인기의 비밀

대형 리모델링 회사

국내 대기업이나 부동산 회사가 운영하는 리모델링 회사는 다양한 오리지널 부재와 시스템화된 플랜 제안이 특징. 하우스 메이커 계열의 회사에서는 신축 단독주택용 고급 설비 및 건축 자재를 리노베이션에 사용하기도 한다.

도산 우려가 적고 장기간에 걸쳐 세심한 지원을 받을 수 있다는 것도 장점이다. 건축사 자격을 가진 리모델링 플래너의 컨설팅과 상세한 건물 조사를 의뢰할 수도 있다.

아파트 리노베이션을 위한 주요 업체

4

발로 직접 뛰면서 저예산으로 리노베이션하고 싶은 사람에게 적합

시공업체·설비업체

지역사회에서의 신용을 중시하는 시공업체. 따라서 시공 수준에 일정한 신뢰도가 있으며 입주 후 불량에도 신속히 대응해 준다. 플랜면이나 비용면에서 재빨리 대응할 수 있어 자신이 생각한 평면을 실현하고 비용을 절감할 세심한 아이디어를 담고 싶은 사람에게 적합하다.

부엌과 욕실 교체 위주로 검토하고 있다면 대형 제조업체가 직영하거나 그 업체와 제휴하고 있는 설비점도 후보 중 하나. 각지에 지점이나 쇼룸을 운영하고 있어 의뢰하기 쉽다.

5

자신에게 최적의 파트너를 찾아줄 수 있는 든든한 존재

프로듀스 기관

기관에 따라 업태는 다양하지만 주로 건축가(설계사무소), 시공업체, 리노베이션 회사 등과의 매칭 서비스를 하는 것이 프로듀스 기관. 리노베이션 조건과 요구 사항을 전달하면 그것을 바탕으로 최적의 파트너를 찾아준다.

'자신에게 맞는 의뢰처를 모르겠다', '여러 의뢰처에서 플랜을 받아 비교 검토한 후 결정하고 싶다'는 사람에게 적합하다. 프로듀스 비용은 기관에 따라 다르므로 의뢰하기 전에 확실히 확인하자.

6

가구를 포함한 토탈 공간 조성을 목표로 하는 사람에게 추천

인테리어 숍

인테리어 숍 중에 리노베이션을 함께 하는 곳도 있다. 가구를 만들며 키운 실력을 부엌과 세면대, 오리지널 창호 등에 발휘하는 경우가 많아 딱딱한 설비 기기를 선호하지 않는 사람에게 인기다. 같은 숍에서 테이블 등의 가구를 맞추면 무리 없이 내장재와의 전체적인 코디를 할 수 있다.

숍의 스타일을 알고 싶으면 가게를 방문해 보는 것이 최고다. 리노베이션으로 인테리어의 완성도를 높이고 싶은 사람은 한번 검토해 보기 바란다.

2 POINT 견적 금액만 보고 업체를 정하지 말 것

업체를 선택할 때는 여러 회사에서 견적을 받아 비교하는 경우가 많다. 이때 합계 금액만 보고 가장 싼 회사로 결정해 버리는 것은 금물이다. 견적 산출 방식은 회사마다 달라서 공사 항목을 상세하게 기재하는 곳과 '○○공사 일체'라는 식으로 대략 기재하는 경우가 있다. 설비 기기의 제조업체명이나 세부 항목이 기재되어 있지 않은 경우도 있다. 이런 차이는 업체의 신뢰도를 측정하는 지표가 된다. 아무리 저렴해도 주먹구구식인 업자는 피하는 것이 무난하다. 견적서 내용을 철저히 확인한 후 궁금한 점은 물어보고 제대로 된 답이 돌아오는지 확인하자.

전달한 요구 사항을 반영하는 방식은 회사마다 다르기 마련이다. 플랜의 차이를 파악하고 종합적으로 비교 검토하는 것이 중요하다.

3 POINT 쉽게 비교할 수 있도록 조건과 요구사항을 확실하게 전달한다

여러 업체를 쉽게 비교하는 비결은 '플랜을 통째로 맡기지 않는 것'이다. 아파트 평면도와 예산만 주고 '이것으로 어떤 리노베이션을 할 수 있을까?'를 타진하는 것은 별로 좋은 방법이 아니다.

이런 주문을 바탕으로 완성된 플랜이나 견적서는 평면 변경의 규모도, 내장재와 설비의 수준도 제각각이어서 비교가 어렵기 때문이다. 공사 항목도 전부 다르기 때문에 견적 금액도 비교가 안 된다.

미리 요구 사항과 조건을 확실히 전달하고 그 틀 안에서 플랜을 내달라고 하는 것이 중요하다. 예산이 초과되어 그대로 반영할 수 없는 요구사항을 뜻밖의 접근 방법으로 저렴하게 실현시켜 주는 등 요청한 것에 어떻게 대응하는지를 보면 그 의뢰처의 제안 능력을 알 수 있다.

4 POINT 사후 관리에 대해서도 체크한다

입주 후 불량이 발견되었을 때 어떻게 대응하는지도 업체 선택의 중요한 포인트. 일반적으로는 3개월 점검과 1년 점검을 실시하는데, 정기 점검 시기를 정하지 않고 상담하면 언제든지 와주는 곳도 있다. 만일의 경우에 어떤 사후 체제를 갖추고 있는지 계약 전에 확인해 두면 안심이다.

리노베이션 업체에 따라서는 임의로 '하자 보험'에 가입한 곳도 있다. '하자'란 결함을 말한다. 업체가 주택 전문 보험에 가입함으로써 시공한 집에 결함이 발견되었을 때 보수 비용이 지불된다. 이런 보험에 가입한 업체를 고르면 만일의 사태가 발생해도 보증이 확실하다. 시공 중이나 공사 완료 후에 보험회사에서 현장 검사를 하러 오므로 공사의 질을 높일 수 있다.

5 POINT 오픈 하우스가 있으면 적극적으로 찾아가 본다

업체를 찾기 위해 인터넷이나 잡지 등을 활용하는 사람이 많을 것이다. 수많은 실제 사진과 도면을 볼 수 있고 인터넷에서 후기를 검색할 수 있어 정보 수집에는 편리한 도구이다.

그와 함께 꼭 활용해야 할 것이 리노베이션 회사 등에서 주최하는 오픈하우스 견학이다. 공간의 분위기나 소재감, 동선 등은 사진이나 도면만으로는 알 수 없다. 실제로 리노베이션한 집을 방문해봐야 그 회사의 설계 실력과 작풍 등을 사실적으로 느낄 수 있다. 견학 현장에서는 영업사원이나 설계 담당자와 이야기도 나눌 수 있으므로 홈페이지나 입소문으로는 알 수 없는 그 회사의 분위기나 자신과의 궁합을 알 수 있는 계기가 된다. 정보는 홈페이지 외에 SNS로 공지하는 경우가 많다.

아파트 리노베이션 성공의 지름길!

오픈하우스 견학의 장점 6가지

'원하는 것을 이뤄줄 것 같은' 리노베이션 회사를 찾았다면 실제 건축한 주택의 오픈하우스에 꼭 참가해보기 바란다. 견학을 통해 얻을 수 있는 장점은 다음과 같다.

취재 협력 : 리노베루

장점 1

집을 전체적으로 체험할 수 있다

'술을 마시며 친구들과 왁자지껄 즐길 수 있는 집'이 콘셉트. 실제로 공간에 있으면 그런 마음이 강하게 전해진다.

그야말로 '백문이 불여일견'이다. 회사 홈페이지 등에 시공 사례가 자세히 소개되어 있어도 실제로 보는 것과는 차이가 있다. '침실은 방이어야지', '화장실과 세면실은 따로 있어야 해'라는 등의 고정관념을 버릴 수도 있다.

(견학회 장소 주택)

BEFORE → AFTER

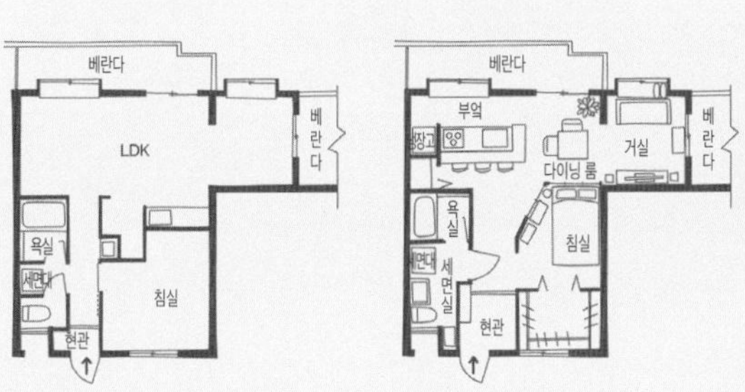

가족 구성 : 커플
건축연수 : 29년
전용면적 : 48.80㎡

장점 2

'실제 크기'를 느낄 수 있다

당연한 말이지만 실제로 집을 방문하면 방의 넓이와 천장 높이 등의 사이즈를 실감나게 체험할 수 있다. 또한 '○ ㎡ 아파트라면 LDK에 어느 정도의 면적을 잡을 수 있을까?'라는 집 전체의 공간 배분에 참고가 된다.

실제로 부엌에 서보면 폭이나 높이, 선반의 높이 감각뿐만 아니라 오픈 키친이 주는 개방감까지 느낄 수 있다.

부엌 사이즈는 이 정도가 좋을 것 같아

철거하지 않은 벽이 있어도 답답하지 않다

콘크리트 구조벽이 있어도 앞쪽의 거실과 안쪽의 DK가 연결된 느낌. 인더스트리얼한 악센트가 된다.

변기와 세면기가 같이 있으니 오히려 개방적

세면실과 화장실이 한 공간에. 도면만 봤으면 '좀 좁지 않을까…'라고 생각하기 쉽다. 막상 들어가 보면 답답하지 않다는 것을 알게 된다.

도장으로 이런 색을
만들 수 있구나

욕실 문은 빈티지한 느낌을 주는 도장으로 마감. 외국산 표시가 된 자물쇠 레버로 남성적인 느낌.

바닥은 원목 오크재. 내장재의 샘플은 작기 때문에 넓은 면적에 사용했을 때의 모습을 볼 수 있다는 것이 큰 장점이다.

홈 파티를 좋아하는 집답게 가스레인지는 4구. 상판의 손잡이와 일체형 삼발이 등 특징적인 사양에 주목.

오픈하우스 견학에서는 '사용해보고 싶었던' 개성 있는 소재나 부품을 볼 수도 있다. 허락을 얻어 사용감도 시험할 수 있다.

침실의 칸막이벽에는 OSB 합판이라는 목질 보드를 사용. 독특한 표정을 가까이서 확인할 수 있다.

장점 3

실제로 쓴 소재와 설비를 볼 수 있다

목질 보드의 투박한
느낌이 좋아!

플로어링재와 타일, 부엌 설비와 세면 볼 등 좋아하는 소재와 설비를 사용할 수 있는 것도 리노베이션의 묘미. 실제 공간에 사용했을 때의 느낌을 확인할 수 있어 좋다.

실내창은
역시 개방적!

완전히 독립된 방으로 만들지 않고 벽에 실내창을 설치한 침실. 인기 있는 실내창에는 다양한 형태가 있지만, 세로로 긴 새시를 벽의 2면에 설치해 개방감이 뛰어나다.

문을 달지 않은 상부 선반은 오픈 키친 전용. 글라스 홀더도 따라하고 싶은 아이디어.

장점 4

디자인에 대한 아이디어 소스를 얻을 수 있다

붙박이 가구 등 리노베이션 회사의 디자인 능력을 엿볼 수 있는 포인트가 많이 발견된다. '오픈하우스에서 본 ○○씨 집의 TV 받침대와 똑같은 것을 만들어 달라!'는 요청도 가능. 이미지를 공유할 수 있으므로 담당자와 협의하기도 편하다.

OSB 합판을 허리벽처럼 사용하고 있는 것이 신선하다. 견학하러 가면 이런 소재에 대한 아이디어도 얻을 수 있다.

오픈하우스의 거주자가 참여하는 경우에는 같은 시공주 입장에서 실제 거주 소감과 기기류의 사용감, 리노베이션에 대한 궁금증이나 걱정거리 등을 질문할 수 있다. 리노베이션 선배로부터 생생한 이야기를 들을 수 있는 기회이다.

장점 5

리노베이션 경험자의 생생한 이야기를 들을 수 있다.

창으로 야경을 즐길 수 있는 부엌. 전망이 좋고 친구들이 모일 수 있는 장소를 만들고 싶어서 이 독특한 레이아웃이 탄생했다.

장점 6

MERIT : 6

자신의 취향과 요구사항을 알 수 있다

오픈 키친으로 하고 싶어!

여러 회사의 오픈하우스에 참가해 다양한 집을 직접 보면 '나와 궁합이 잘 맞을 것 같은 회사'와 '내가 원하는 주거 공간'이 좁혀진다. 이것이 오픈하우스 견학의 가장 큰 장점. 자신의 이미지를 만드는데 오픈하우스가 반드시 도움이 될 것이다.

"이런 수수한 컬러의 장방형 타일이 좋군!" 막연하게 느끼고 있던 자신의 취향은 실물을 보면서 명확하게 알 수 있다.

디스플레이 공간을 겸한 신발용 오픈 선반. 바닥 부분의 복고풍 육각형 타일. 집주인이 좋아하는 스타일이 보인다.

견학 & 오픈하우스의 주의점

☑기본 매너를 지킨다

집주인의 호의로 집을 볼 수 있다는 것을 잊지 말자. 마음대로 수납장 문을 열지 말고, 물건을 함부로 다루지 않는 등 친구 집을 방문했을 때와 같은 기본적인 매너를 지키는 것이 우선 중요하다. 선물은 필요 없다.

☑함부로 물건을 만지지 않는다

가구와 잡화, 의류 등 개인 소지품에는 손을 대지 않도록. 내장재의 감촉이나 설비 기기의 사용감을 시험하고 싶을 때는 안내하는 직원이나 집주인에게 물어본다.

☑화장실은 사용하지 않는다

초면인 사람이 자기 집 화장실을 쓴다면 별로 기분 좋지는 않을 것이다. 화장실은 견학 전에 해결하자. 하루에 여러 채를 돌아보는 '견학 투어' 때는 특히 주의할 것.

☑사진 촬영은 문의 후에

비록 자료로서 개인이 보관하기 위한 것이라도 사진을 찍어도 좋은지는 사전에 확인할 것. SNS 등에 마음대로 올리는 것도 좋지 않다.

"집에서 보내는 시간이 늘었어요. 밖으로 차를 마시러 나가는 것보다 집에서 갖는 티타임이 편해요." (요시무라 씨)

"내 취향대로 만든 집이라 최고예요. 집을 개방적으로 바꾸면서 가족과 대화도 늘었어요." (K 씨)

"자연 소재의 편안한 촉감을 즐기며 하루하루를 즐겁게 보내고 있어요." (도요타 씨)

"우리가 꿈꾸던 공간에서 매일 생활하고 있다는 생각에 날아갈 것 같아요." (오후지 씨)

역시 내 집이 최고네요.
아파트 리노베이션으로
살기 편한 집으로 만들어 보세요.

D RBAN DIA
IZA LOU

아파트 인테리어 교과서

4쇄 펴낸날 2023년 2월 15일

지은이 주부의 벗 편집부
옮긴이 박승희
펴낸이 정원정, 김자영
편집 홍현숙
디자인 나이스에이지 강상희

JAPAN STAFF
일러스트 小川悟史
도면 長岡伸行
촬영 千葉亜津子, 矢野信夫, 坂本道浩, 清永洋
松井ヒロシ, 竹田俊吾, 西田香織, 佐山裕子, 柴田和宣

펴낸곳 즐거운상상
주소 서울시 중구 충무로 13 엘크루메트로시티 1811호
전화 02-706-9452
팩스 02-706-9458
전자우편 happydreampub@naver.com
페이스북 @happydreampub
포스트 post.naver.com/happydreampub
출판등록 2001년 5월 7일
인쇄 천일문화사

ISBN 979-11-5536-151-1 (13590)

RENOVATION
HOUSE
STYLE BOOK

RENOVATION
HOUSE
STYLE BOOK